叶永烈 科普经典阅读系列

极简趣味 化学史

叶永烈 ——— 著

天地出版社 | TIANDI PRESS

图书在版编目（CIP）数据

极简趣味化学史 / 叶永烈著. — 成都 : 天地出版社, 2023.1
（叶永烈科普经典阅读系列）
ISBN 978-7-5455-7130-1

Ⅰ.①极… Ⅱ.①叶… Ⅲ.①化学史—世界—儿童读物 Ⅳ.①O6-091

中国版本图书馆CIP数据核字（2022）第094323号

JIJIAN QUWEI HUAXUE SHI

极简趣味化学史

出 品 人	陈小雨　杨　政
作　 者	叶永烈
监　 制	陈　德　朱艳锋
策划编辑	徐　宏　付九菊
责任编辑	徐　宏　付九菊
责任校对	杨金原
特约审读	李姿娇
美术编辑	曾小璐
责任印制	刘　元

出版发行　天地出版社
　　　　　（成都市锦江区三色路238号　邮政编码：610023）
　　　　　（北京市方庄芳群园3区3号　邮政编码：100078）
网　　址　http://www.tiandiph.com
经　　销　新华文轩出版传媒股份有限公司

印　　刷　三河市兴博印务有限公司
版　　次　2023年1月第1版
印　　次　2023年1月第1次印刷
开　　本　170mm×240mm 1/16
印　　张　14
字　　数　188千
定　　价　30.00元
书　　号　ISBN 978-7-5455-7130-1

序

　　曾经传说有"两个叶永烈"：一个是写《历史选择了毛泽东》《邓小平改变中国》那类纪实文学作品的叶永烈；另一个则是写作本书以及参与写作《十万个为什么》这类科普作品的叶永烈。

　　中国同名姓者固然不少，不过，以上两个叶永烈却是同一个叶永烈。

　　这不奇怪：我最初是学自然科学的，毕业于北京大学化学系，后来转向了党史文学的创作。

　　在中国作家之中，出身于理工科的，其实不乏其人。我只是"曹营奔汉"者中的一个罢了。

　　这本《极简趣味化学史》，所写的倒是我的本行——化学。

　　化学是一门富有趣味的学科，化学史是富有趣味的历史。这本《极简趣味化学史》，以富有趣味的笔调，向你讲述化学那富有趣味的发展史。

　　我愿本书能够成为招募化学新兵的"征兵广告"，愿本书成为把你引入化学殿堂的向导。

叶永烈

目录

我和化学的故事

 ## 我是化学系的"叛徒"

说起我和化学，真的可以用一句老话"日月如梭"来形容：1957年，我跨入北京大学的校门，如今已经过去半个多世纪了。

在北京大学的那些日子里，不论是谁，只要看一下我的裤脚管，就能知道我是化学系的学生，因为那时候我几乎没有一条长裤的裤脚管上不是布满小洞的。化学是一门实验性学科，化学系的学生们成天"泡"在实验室里，跟酸呀、碱呀打交道，一不小心，酸液、碱液就在我们的裤脚管上留下"印章"——一个个小洞。

如今，很多人都以为我是北京大学中文系的毕业生，而我却一直难忘在那座充满各种气味的化学楼里度过的日日夜夜。

我从小喜欢文学，11岁就开始发表诗作。高中的时候，我期盼着报考北京大学中文系新闻专业。我心目中的理想，是当"无冕之王"——记者。小时候在温州同一幢大楼里长大，常跟我下陆军棋的朋友——戈悟觉，在我之前考上了北京大学中文系新闻专业，给了我莫大的鼓舞。可是，他给我来信说，北京大学中文系新闻专业在1957年只招50名学生，而且有一半是"调干生"。也就是说，实际上只招20多名新生，一个省摊不到 1 名。我对北京大学文科其他系没有兴趣，而我又非要考北京大学不可，于是，我从文改理，改考北京大学化学系。

我选择化学系，多半是因为姐姐学化学。父亲听说我报考北京大学化学系，很高兴，他说："念化学好呀，将来可以做肥皂、做雪花膏，总有一碗饭吃。"就这样，我以第一志愿报考北京大学化学系，好在我的理科成绩也不错，被录取了。

我在北京大学化学系念了六年之后（当时北京大学理科六年制），没有去做肥皂、做雪花膏，只在上海一家研究所待了一个月，就"跳槽"到电影制片厂，当了十八年编导。然后进入上海市作家协会，成为专业作家。虽然成了化学系的"叛徒"，虽然当时的化学系系主任严仁荫教授叹息"白教你了"，但我仍然怀念在北京大学化学系度过的六个春秋，至今，我的心中仍有浓浓的化学情结。

 ## 化学系是动手派

我在采访我的同乡、著名数学家苏步青教授的时候，曾经问及，为什么温州出了那么多的数学家——世界上有二十多个大学的数学系系主任是温州人。苏老回答说："学物理、化学，离不开实验室，而学数学只需要一支笔、一张纸。那时候温州太穷，所以我们只能选择学习数学。"

确实，实验室是化学的阵地。一进化学系，老师就教我们做化学实验的技巧。比如，用煤气喷灯烧弯玻璃管而保持弯角的圆滑，用空心钻在厚厚的橡皮塞上打出又平又直的圆孔，诸如此类，都是化学系学生的基本功。后来，我在大学五年级进入光谱分析专业，必须用车床在碳电极上车出平整的圆坑，要在暗房里熟练地把谱片进行显影、定影。可以说，化学系的学生必须是"动手派"。

大约是受到化学系这种"动手派"训练的影响，我的动手能力从此大为提高。朋友见到我拿着电钻在墙上钻孔，看到家中的三个水斗以及自来水管之类都是我自己安装之后，脸上露出惊讶的神色。我说："我是化学系毕业的呀。"至于电脑的修理、自己安装电脑的操作系统之类，同样是"动手派"的影响成果。

有一次，我在做实验时，把坩埚钳头朝下放在实验桌上。傅鹰教授走过来，一句话也不讲，把钳子"啪"的一声翻过来，钳头朝上。然后只问我三个字："为什么？"我想了一下，说道："钳头朝下，放在桌面上，容易沾上脏东西。再用坩埚钳夹坩埚时，脏东西就容易落进坩埚，影响实验结果。"他点点头，笑了，走开了。虽然这次他只问了我三个字，但给我留下了深刻的印象。从此，不论做什么实验，我总是养成把坩埚钳、坩埚盖之类的设备朝上放在实验桌上的习惯。后来，就连烧菜的时候，我取下锅盖，也总是朝上放在厨房台面上。

化学实验室里辟有专门的天平室。所有的天平都安装在坚实的大理石台面上，即便汽车从化学楼附近驶过，也不会使天平抖动。每架天平都安放在一个玻璃柜里，使用时只拉开一扇玻璃。我总是屏着呼吸称样品，以免吸气、呼气使天平晃动。1958 年"大炼钢铁"的时候，各地急需一批化验员，以分析铁矿石的含铁量和煤的含硫量。化学系师生奉命前往各地举办化验员训练班，才念二年级的我被派到湖南去。在山区、在农村，哪能买得到高精度天平？"动手派"出奇招，想出巧办法，用一根钢丝就解决了问题：先在钢丝的一端挂上一块砝码，弯曲到一定的程度，画好记号。然后把样品挂上去，同样弯到那个记号，就表明样品的质量跟砝码的质量相等。

经受严格的科学训练

北京大学注重给学生打下扎实的学业基础。按照当时的化学系学制，前三年学化学基础课，四至五年级学专业课，六年级写毕业论文。

化学基础课有微分学、积分学、解析几何、概率论、普通物理、普通化学、分析化学、有机化学、物理化学、结晶化学、物质结构、高分子化学、化学工艺学、无线电基础、放射化学。

四年级时，我被分配在分析化学专业。分析化学专业课有电容量分析、极谱分析、稀有元素分析、有机试剂、光度分析、仪器技术、化学分析法。

另外，还有公共基础课——俄语、英语、中共党史、自然辩证法、政治经济学。

上了两年专业课之后，在六年级那一年写毕业论文时，我是在一台Q24石英中型摄谱仪旁度过的。我当时学的是光谱分析。这个专业总共有三名学生，其中除我之外，另两名是从外校调来的进修生。我的毕业论文题目是《纯氧化钽中杂质的载体法光谱分析》。

光谱分析是年轻的专业，老师也都是年轻人。我的导师原本是余老师，他刚跟我谈了一次话，就到民主德国留学了。接替余老师的是李安模老师，他是一位朝气蓬勃的青年教师（后来在1995年担任北京大学副校长）。

这样，在最后一年的时间里，我在李安模老师的指导下，从查阅英文、俄文文献开始，到设计实验方案、进行实验结果分析、写出论文、完成论文答辩。这一步步科学程序，使我得到严格的科学训练。

我的实验室在化学楼对面的地学楼二楼。每次我用摄谱仪摄谱前，总是先戴好墨镜，以防强烈的光线刺激眼睛。我还要打开摄谱仪上的排风机，因为在摄谱时会产生气味刺鼻的臭氧。拍好谱片之后，我便到旁边的暗室里显影、定影，然后再用测谱仪测量光谱强度。当时，我试验了上百种化学物质，以求寻找到一种催化剂（载体），提高光谱分析的灵敏度。我在实验中发现，卤化银能够明显提高光谱分析的灵敏度。在卤化银之中，以氯化银的效果最佳。我第一次尝到科学发现的快乐。

对于我的这一发现，李安模老师也非常高兴，给予肯定，并要求我对于卤化银为什么能够提高光谱分析灵敏度的机制进行探讨。我的毕业论文《纯氧化钽中杂质的载体法光谱分析》全文一万多字，1963年夏日在化学楼底楼的大教室里通过答辩之后，我便拿到烫着金字的北京大学毕业文凭，被分配到上海。1964年，在中国化学学会分析化学学术会议上，李安模老师宣读了这一论文，并于同年收入《中国化学学会分析化学学术会议论文摘要集》，署名是"李安模，叶永烈（北京大学）"。这篇论文正准备全文发表于权威性的《化学学报》的时候，"文革"开始了，《化学学报》停刊，论文未能全文发表。

尽管毕业之后我"背叛"了化学，但是严格的科学训练使我在文学创作中受益匪浅。我的采访、对于种种史料的查证和辨伪功夫以及对于众多资料井井有条的管理，便得益于北京大学化学系的科学训练。

化学深刻影响我的创作

化学深刻地影响了我的创作之路。

在化学系上三年级的时候，我成为《十万个为什么》的主要作者之一。倘若我念的是中文系，那就不可能写出《十万个为什么》了。

在化学系上四年级的时候，我写出了《小灵通漫游未来》。取名于这本书、经我授权的"小灵通"手机，曾经一度家喻户晓。倘若我念的是中文系，同样不可能写出《小灵通漫游未来》。

尽管此后我的创作方向转向长篇小说、散文和当代重大政治题材的长篇纪实文学，化学仍给我启示和帮助。

当代文学与现代科学紧密相关。六年的化学熏陶，使我在文学创作中面对科学问题的时候能迎刃而解。

在美国硅谷采访的时候，有人问起港台为什么称"硅谷"为"矽谷"，我作了关于"硅"与"矽"的"化学说明"：

"硅"是一种化学元素的名称，元素符号为 Si。在化学上，凡是金属元素都写成金字旁"钅"（只有汞例外），而硅写成"石"字旁，表明它是非金属元素。硅在地壳中的元素含量，仅次于氧，约占地壳总质量的百分之二十六。我们脚下，大地的重要成分便有硅的一种化合物——二氧化硅。石英就是很纯净的二氧化硅。从二氧化硅中可以提取纯硅。纯硅是钢灰色的晶体。纯硅晶体被切成薄片，便称"硅片"。如今各种集成电路，其实就是用硅片做成的。正因为这样，硅成为高科技的"主角"。

硅的中文名字，原本是"矽"。1953 年，中国科学院决定把"矽"改称为"硅"，原因是"矽"与另一种化学元素"锡"同音。这一改名，应当说是很正确的。原来，在上化学课时，老师说到"二氧化矽"时，跟"二氧化锡"分不清楚，必须在黑板上写一下，学生才明白。改称之后，"二氧化硅""二氧化锡"不同音，也就没有那样的麻烦了。

然而，中国台湾地区不改，尽管他们也知道把"矽"改称为"硅"是正确的——这正如简体字比繁体字书写要方便得多，大陆采用简体字，而台湾仍沿用繁体字。那时候的香港，沿袭台湾的习惯，所以在香港也仍称"矽"。

"硅谷"与"矽谷"的差异，也就是这么来的。

倘若不是毕业于北京大学化学系，我也就不会讲出这么一番"化学道理"了。

我在北京自来水公司采访，参观那里的水质化验室时，一进门，就认出眼前的一台仪器是极谱仪，接待方对此感到吃惊。他们知道我是"化学出身"后，在谈论自来水中杂质的含量为多少 ppm[1] 之类的时候，就用不着向我作解释了。

同样，诸如关于红心鸭蛋的"苏丹红"，导致俄罗斯间谍亚历山大·利特维年科之死的"钋"，还有什么"硒含量""锌含量""铝含量"等，我一下子就能明白。我非常关注利特维年科之死，酝酿着以这一扑朔迷离的事件在"钋"的背景中展开，写一部长篇小说。不言而喻，倘若我不是出身化学，也许就不会着手于这样充满化学氛围的间谍小说的创作了。我也关注 2018 年被译成中文出版的俄罗斯作家弗拉基米尔·索罗

---

[1] 表示溶液浓度的比率，1ppm 即百万分之一，等于 10^{-6}。

金的最新长篇小说《碲钉国》——这样晦涩的化学书名使普通读者望而生畏，我却非常喜欢，尤其喜欢这部长篇小说的叙事方式。

当然，我也有不明白的时候：理发店张贴的"负离子烫发""游离子烫发"之类，使我百思不解。在我看来，那只是挟化学之"高深"来蒙顾客的一种商业手段而已。

化学起源——炼金术

 三个有趣的故事

有趣的故事，人人都爱听。

在这本书的开头，我先给你讲三个有趣的故事。

第一个故事，发生在 1994 年，美国某地。

那天，大学里的一座大楼失火了。"呜——呜——"消防车闻讯赶来。

一件奇怪的事情发生了：消防队员想就近从旁边的一座大楼里接取自来水救火，可是，大楼门口警卫森严，不许消防队员进去。

"都火烧眉毛了，还不让我们进去？"消防队员着急地问。

"不行。没有国防部的证明，谁都不许进。"警卫板着铁青的面孔说道。

烈火熊熊，消防队员心急如焚。他们围着警卫，大声地说："等国防部的证明送到，大楼早被烧光啦！"

警卫总算做了点儿让步："这样，你们向本地的 ×× 局请示，开个证明。"

没办法，消防队员只好开着消防车去 ×× 局，开来了证明。

消防队员把证明朝警卫手中一塞，便急急忙忙往大楼里奔去。

这时，警卫追上来，拦住了他们，很严肃地说道："先生们，你们虽然有了证明，但是按照规定，每个进楼的人都要在登记簿上签名。先生们，请你们去签名！"

消防队员们哭笑不得，只好退回去签名。

然而，这几位警卫的忠于职守，却暴露了这座大楼的秘密。人们纷纷猜测：这座大楼警卫如此森严，里面是干什么的呢？

要知道，美国国防部为了保守这座大楼的秘密，可以说是煞费苦心：有一次，保卫人员仔细检查了大楼内的图书室，发觉许多化学书籍看上去还算新，但是每本书中有关元素"铀"的章节，都被翻得卷起书角或者弄脏了。保卫人员认为，这些书可能会暴露大楼的秘密，便决定全部销毁，又买了一批崭新的化学书籍。他们如此精心保守秘密，却被邻近大楼失火一事无意中暴露了。

于是，德国间谍开始注意这座大楼……

不言而喻，这座大楼里的科学家，正在极秘密地研究着化学元素"铀"。

为什么研究铀要这样严格保密呢？

1945 年 8 月 6 日，原子弹的爆炸声震动了世界。原子弹里的"主角"，便是铀。正因为这样，这座大楼既成为美国国防部的重点保密部门，也成为德国间谍机构瞩目的地方。

第二个故事，发生在 1781 年，英国。

那时候，英国有位著名的化学家，叫作约瑟夫·普利斯特利。他呀，很喜欢给朋友表演化学魔术。有一次，当朋友们来到他的实验室里参观时，他拿出了只空瓶子，给大家看清楚。然后，他把瓶口移近蜡烛的火焰，这时忽然发出"啪"的一声巨响。

朋友们吓了一跳，有的人甚至吓得钻到桌子下面。

普利斯特利看到朋友们狼狈的样子，哈哈大笑起来。笑罢，他把秘密告诉了朋友们：原来，这只瓶子里事先灌进了氢气。氢气和空气中的氧气混合以后点火时，会燃烧起来，发出巨响。

他不知将这个"节目"表演了多少遍，使它成了一出"拿手好戏"。

有一次，他表演完"拿手好戏"，在收拾瓶子时，注意到瓶壁上有水珠。

奇怪，变"魔术"时的瓶子是干干净净的，那瓶壁上的水珠是从哪儿冒出来的呢？

普利斯特利仔细揩干瓶子，重做实验。咦？瓶壁上依旧有水珠。

经过反复实验，他终于发现：瓶子里的氢气燃烧后，变成了水，凝聚在瓶壁上！

在普利斯特利之前，尽管人们天天喝水、用水，可是并不知道水是什么。在古代，人们甚至把水当作元素。1770 年，法国著名化学家安托万－洛朗·拉瓦锡曾试图揭开水的秘密。他把水封闭在容器中加热了100 天，水依旧是水，称一下，质量跟 100 天以前一样。他依旧弄不清楚水究竟是什么。至于普利斯特利呢？虽然他揭开了水的秘密，然而，他是在变了好多次"魔术"之后，才注意到瓶壁上的水珠……

第三个故事，发生在 1890 年，德国。

有一天，街上雇马车的人突然增多。马车夫问雇主们："上哪儿去？"雇主们的答复令人感到莫名其妙："随便！"

"随便？"从来没有一个地名，叫作"随便"的！

马车夫好不容易领会了雇主的意思。马车漫无目的地在街上转悠。

雇主似乎无心观赏街景，闭起了双眼，进入了梦乡……

这些雇主难道有钱无处花，雇了马车睡觉？

后来，人们才明白，原来是这么回事——

在庆祝凯库勒发现苯环结构 25 周年的大会上，著名德国化学家弗里德里希·凯库勒，讲述了自己怎样解决有机化学上的一大难题的经历：

"那时候，我正住在伦敦，日夜思索着苯的分子结构该是什么样子的。我徒劳地工作了几个月，毫无所获。一天，我坐在马车上回家时，由于过度劳累，我在摇摇晃晃的马车上很快就睡着了。我在马车里做了一个梦，梦见我几个月来设想过的各种苯的分子结构式，在我的眼前跳舞。忽然，其中有一个分子结构式变成了一条蛇，这条蛇首尾相衔，变成了一个环。正在这时，我听见马车夫大声地喊道：'先生，克来宾路到了！'我这才从梦乡中惊醒。当天晚上，我在这个梦的启发下，终于画出了首尾相接的环式分子结构，解决了有机化学上的这一难题。"

坐在台下的一些听众听了，以为凯库勒的成功，全是因为在马车上做了一个梦。于是，他们便雇了马车在街上漫游，也想做个梦，轻而易举地摘下科学之果。

但是，虽然有的人在马车上睡着了，也做起梦来，可是谁也没有从梦中得到什么。

他们不懂得，凯库勒之所以能够获得成功，是因为他把全部心思用到科学研究上，甚至连做梦时，也不忘科学研究。凯库勒的成功，与其说是来自马车上的梦，倒不如说是来自那数不清的不眠之夜！

三个故事讲完了。

三个故事，三个意思：

第一个故事，从一个很小的侧面，说明化学何等重要；

第二个故事，说明化学研究一定要非常细心；

第三个故事，说明每一项化学成果都来之不易。

这三个故事合起来，说明一个意思——化学是一门很有趣的科学，化学的发展史上有许多有趣的故事。

这本《极简趣味化学史》，旨在向你讲述一个个有趣的故事，让你了解化学是一门什么样的学科，它是怎样发展起来的。

如果你读了这本有趣的书，对化学产生了兴趣，愿意学习化学、研究化学，那么，作者和编者就感到莫大的欣慰了。

以上的话，算是这本书的开场白。

 # 黄 金 梦

1954 年秋天，德国。

街头，挤满了看热闹的人，大家都盯着一个从街上缓缓走过的穿着金色外衣的人。此人双手被反绑着，低着头。一群士兵押着他，走向广场。

广场上矗立着绞刑架。那个穿金色外衣的人一见到绞刑架，双腿直哆嗦，吓得再也走不动了。士兵们把他拖上了绞刑架。

照例，在执行绞刑之前，一个军官当众宣读了犯人的罪状：

"大公爵谕，立即用绞刑处死大骗子奥斯卡·伦菲尔德。该犯自称发现了制造黄金的伟大秘密，向我骗取大量金钱进行实验，炼得类似黄金的小块金属。经检验，该犯制得的所谓黄金全是假的。经将伦菲尔德逮捕并用火刑审问，该犯对诈骗行为供认不讳，为此判处该犯绞刑。"

军官宣读完毕，犯人立刻得到了应有的惩罚。

黄金，以灿烂夺目的光芒，很早就引起了人们的注意。黄金那么漂亮，不锈不烂，人们喜欢它，而黄金在大自然中又那么稀少，"物以稀为贵"，于是黄金便成了非常宝贵的东西，成了货币，成了财富的象征。

英国著名剧作家莎士比亚在《雅典的泰门》中，用这样生动的语言，勾画出黄金在人们心目中的形象：

金子！黄黄的、发光的、宝贵的金子……只要这一点儿，就可以使黑的变成白的，丑的变成美的，错的变成对的，卑贱变成尊贵，老人变成少年，懦夫变成勇士……这黄色的奴隶可以使异教联盟，同宗分裂；它可以使诅咒的人得福，使害着灰白色癞病的人为众人所敬爱；它可以使窃贼得到高爵显位，和元老们分庭抗礼；它可以使鸡皮黄脸的寡妇重做新娘……

黄金如此可贵，当然会有故事中这种妄想"点石成金"的人。

有这么一个神话：

据说，有一位国王，虽然已经从老百姓那里搜刮了许多黄金，可是他的心像无底洞似的，永远也填不满。他贪得无厌，想得到更多的黄金。于是向仙人祈求，结果仙人把他的一根手指变成可以"点石成金"的手指。他用这根手指摸什么东西，什么东西便变成黄金。

他摸一下椅子，椅子变成了金椅子；

他摸一下柱子，柱子变成了金柱子；

他摸一下花，花变成了金花；

…………

王宫里到处金灿灿的，他高兴极了。这时候，他心爱的小女儿朝他跑来，他兴高采烈地抱起女儿。谁知那"点石成金"的手指头一碰到女儿，女儿便成了金人，一动也不动了。

直到这时，国王才明白，他成了世界上最富有的人，也成了世界上最冷漠的人！

神话当然只是神话，世界上并不存在什么"点石成金"的手指。

可是，自古以来，不论中外，都有许许多多的人在寻找"点金石"（也有的叫"哲人石"）。他们做着"点石成金"的美梦，探索着种种"点石成金"的方法。

这也许使你吃惊：在古代，"化学"一词的含义，便是"炼金术"！

据考证："化学"一词最早见于公元 296 年古罗马皇帝戴克里先关于严禁制造假金银的告示之中，他把制造假金银的技术，称为"化学"（Chemeia）。又据考证，英语中的 Chemistry、法语中的 Chimie、德语中的 Chemie（以上均为"化学"），均源于欧洲词语 Alchemy。而 Alchemy 则来自阿拉伯语中的"炼金术"一词——Al-kimiya。

炼金术士们为了制造黄金，用水银、铅之类的金属作原料，进行了许许多多化学实验。

据说，英王亨利六世为了能够得到大批黄金，竟然招募了三千名炼金术士来"炼金"。

唉，帝王们做着可笑的黄金梦！

长 生 梦

帝王们不仅做黄金梦，而且做长生梦。

秦始皇、汉武帝、唐太宗，是中国历史上声名显赫的皇帝。然而，他们在创立了丰功伟绩之后，却做起了长生梦。

秦始皇在统一了六国之后，专门派人远渡重洋，去寻找"长生不死之药"。结果呢？什么长生不死之药都没有找到。

汉武帝呢？他听说露水是"仙露"，能够使人"长生不老"，于是，便下令在长安的建章宫里，竖立起所谓"承露盘"。那盘是用青铜铸造的，高高地安置在 20 丈高的柱子上。夜间，露水凝结在盘里，成了"仙露"。这"仙露"被侍从呈送汉武帝，跟美玉碎屑一起服用，以求长生不老。因为据说"服玉者寿如玉"。

其实，那青铜盘经日晒雨淋，早已长满铜绿。而美玉碎屑，不仅人体无法消化、吸收，还会阻塞消化器官，使人得病呢。

命运最悲惨的，要算唐太宗了。

唐太宗的威名，曾使敌人心惊胆战。然而，他却在 52 岁时过早地离开了人世。使唐太宗丧命的，不是来自敌人的毒药，而是他自己要吃的"长生药"！

原来，唐太宗希图长生。在公元 648 年（贞观二十二年），他的部队打败帝那伏帝国时，从俘虏中发现一个名叫那逻迩娑婆寐的和尚，据说这个和尚会制作"长生药"。唐太宗待他如上宾，叫他在金飙门制造"长生药"。第二年，唐太宗吃下了这个和尚给他配制的"长生药"后，竟然中毒而亡！

唉，长生不成，反而丧生！

唐太宗吃了"长生药"而死还不算，唐宪宗、唐穆宗、唐武宗、唐宣宗，也都是因为吃"长生药"而断送了性命！

那"长生药"究竟是什么东西呢？

1970 年，我国考古学家在唐代京都长安——现在的西安，发掘到两坛唐代窖藏的宝物——长生药。据查证，那是唐玄宗的堂兄邠王李守礼埋在地下的东西。发掘到的长生药药方上开列着朱砂、密陀僧、琥珀、珊瑚、乳石、石英等。

朱砂是什么？这种红色矿物的主要化学成分是硫化汞，是一种有剧毒的化合物。

那些皇帝食用了剧毒的"长生药"，怎能不呜呼哀哉?

你知道吗? 这些"长生药"也跟化学有着密切的关系呢。在古代，化学又被称为"炼丹术"。这"丹"，便是指"长生丹"，也就是"长生药"。

许许多多的炼丹家，如同那些炼金术士一样，做着各式各样的化学实验。黄金梦、长生梦自然是荒谬的，不过，炼丹家们、炼金术士们毕竟在种种化学实验中，懂得并积累了一些化学知识。

比如，8世纪阿拉伯炼金术士贾博，在炼金时制成了硫酸、硝酸、硝酸银等，还懂得用盐酸和硝酸配制成"王水"。

汉朝末年的魏伯阳，被人们称为"中国炼丹术始祖"。他所写的炼丹著作《周易参同契》中，大部分内容非常荒诞，但是也有一些关于汞、铅的化学知识。

谈到炼金术、炼丹术，不由得记起这么一个故事:

有一个年老的农民快要死了，他担心在他死后，三个懒惰的儿子不愿种田，就故意对他们说，葡萄园里埋着黄金。老农死后，三个儿子天天拿着锄头到葡萄园里去挖，虽然挖不到什么黄金，但是土地被翻松了，葡萄长得很茂盛，第二年丰收了。

如果说炼金术、炼丹术对于化学的发展起过什么作用的话，它们就是那位老农所说的事实上并不存在的黄金。

化学的发展，走过了十分曲折的道路。

短衫医师

当走过理发店时，你常常可以看到店门口有个特殊的标志——在圆柱形的玻璃灯里，红、白、蓝三条倾斜的色带，在不停地旋转着。

你知道这特殊的标志是什么意思吗？

1964 年版的《英国百科全书》，回答了这个问题。

原来，在古代的欧洲，外科医生被分为两类。一类是医学院毕业的"正统"的医师，穿着长衫，被人们称为"长衫医师"。这些医师往往"动口不动手"。另一类是理发师，兼做着外科医师的工作，穿着短衫，被称为"短衫医师"或者"理发外科医师"。那时候，人们很看不起外科手术，认为跟脓、血之类的事物打交道，有损医师的身份。于是，就把那些动手的事儿，交给理发师去干。在动手术的时候，"长衫医师"仿佛建筑师在工地上监工似的，在那里动手术的则是"短衫医师"。

为了让人们一眼就明白他们的行业性质，西欧国家的理发师在门口画上了红白相间的圆柱形，并吊上一个半开的铜盆，作为本行业的标志：圆柱形象征受伤的手臂，白色的色带代表纱布，红色的色带代表血液。这就是理发店门口灯柱最初的样子。

亨利八世时期，英国议会通过一项法案，禁止理发师兼任外科医师，只能替病人施行一些放血、拔牙类的小手术。再后来，连拔牙类的小手术也不允许再兼任了，但理发店门口的这种标志还是一直被保留了下来。

1526 年，在瑞士巴塞尔大学，一位名叫巴拉塞尔士的人，破例邀请了那些"短衫医师"进入大学，坐在教室里听他讲课。巴拉塞尔士在讲课之前，做了一件惊人的事情：他把古罗马医生盖仑的著作，当众烧毁！

为什么呢？盖仑自公元 2 世纪以来，一直被人们推崇为医学权威。他的著作，甚至被当作医学的"圣经"。可是，盖仑只解剖过牛、羊、狗、猪，从未解剖过被认为"神圣不可侵犯"的人的尸体。因此，他的医学著作错误百出。比如，盖仑认为人的肝分为五叶——那是从狗的肝分五叶而推想出来的。

巴拉塞尔士烧掉了盖仑的著作，表示他与旧医学彻底决裂的决心。

巴拉塞尔士主张"人体本质上是一个化学系统"。因此，人生病，就是这个"化学系统"失去了平衡。要医好人的病，就要用化学药品恢复这个"化学系统"的平衡。

巴拉塞尔士驳斥那些炼金术士、炼丹家们："你们以为懂得了一切，实际上你们什么也不懂！只有化学可以解决生理学、病理学、治疗学上的问题。没有化学，你们就会迷失在黑暗里。"

巴拉塞尔士提出了关于化学的新概念。他不再把化学称为"炼金术"，而是称为"医疗化学"。

从此，化学开始了一个崭新的阶段。渐渐地，人们研究化学，不再是为了"点石成金"或者"长生不老"，而是为了制造治病救人的药剂。

神奇的新气体——氧气

 ## 怀疑派的化学家

"化学不是为了炼金，也不是为了治病。化学应当从炼金术和医学中分离出来。它是一门独立的科学！"

1661 年，英国出现了一篇题为《怀疑派的化学家》的论文。文章中又提出了新的观点。

这篇论文起初是用笔名发表的。论文发表后，轰动了欧洲化学界。有人细细打听，这才弄清楚，论文的作者原来是英国化学家罗伯特·波义耳。

这时波义耳已是一个快 40 岁的人了，个子长得又高又瘦，头发一直下垂到肩膀。他是一个十分勤奋的人，11 岁时，他便学会了拉丁语和法语，接着跟他的哥哥到欧洲大陆留学，在法国、意大利住了好几年。波义耳非常喜欢自然科学，一有空，总爱待在自己的实验室里，做各式各样的实验。1662 年，他做了许多有关气体的体积和压强之间的关系的实验，发现了物理学上著名的"波义耳定律"。在前一年，他写了著名论文《怀疑派的化学家》。在这篇论文中，他提出许多新的观点，对过去化学上的许多错误观念，大胆地表示怀疑。恩格斯曾高度评价波义耳的贡献：

波义耳把化学确立为科学。[1]

1673 年的一天，波义耳一手拿着玻璃瓶，一手支着脑袋，皱着眉头，在实验室里沉思着。

波义耳在思索着什么呢？

他在探索着燃烧的秘密。

波义耳做了这样一个实验：他把铜片放在坩埚里，称了一下质量，然后，把它放在炉子上猛烈地加热、煅烧。这时，原来闪耀着紫红色光泽的铜片，渐渐地蒙上一层暗灰色的东西，最后变成了黑色的渣滓。烧完后，他再去一称，咦，铜片竟然变重了！

这是为什么呢？波义耳想不通。

接着，波义耳又分别用铅、锡、铁和银来进行同样的煅烧实验，结果还是一样，金属变重了。

波义耳仔细地看了看煅烧以后的金属：紫红色的铜变成了黑色的渣滓，银白色的铅、锡和银的表面蒙上了一层白色的灰烬，而铁变成了疏松的红色小块，一捏就碎。

"也许是因为坩埚是敞口的，导致炉子里的脏东西落了进去，才变重的吧！"波义耳这么猜想。于是，他找了一个有着长长的弯头颈的玻璃瓶——曲颈甑，把金属放进去，再把瓶口封闭起来。当煅烧完毕后，他小心地从炉膛里拿出滚烫的瓶子，打开瓶口（这时，他听见一阵尖锐的"咝咝"声），再称金属的质量，结果仍然一样，金属变重了。

这就是说，金属变重，并不是因落进什么脏东西引起的。

波义耳是位严谨的科学家。他在科学研究工作中，常常很注意所得的结果是否真实。起初，他一直认为，金属在煅烧后质量不可能增加。

---

[1] 引自《资本论》第二卷《序言》，人民出版社 1975 年版，第 20 页。

然而，一次又一次的实验结果却迫使他承认，金属在煅烧后质量增加就是事实。

为了解释这种奇怪的现象，1674 年，波义耳在《关于火和火焰的新实验》这篇论文中，提出了自己的见解：金属在加热以后，它的质量之所以增加，那是由于它在加热时，受到热的作用，有一种特殊的、极其微小的、肉眼看不见的"火素"，穿过了玻璃瓶的瓶壁，跑到金属里去，跟金属化合成了灰烬。"火素"是有质量的，这样，加热后金属的质量就增加了。

如果用算术式子来表示，这就是：

金属 + 火素 = 灰烬

波义耳的见解究竟对不对呢？

 ## 神秘的要素

1703 年，德国哈勒大学医学教授、普鲁士王的御医格奥尔格·恩斯特·斯塔尔，也开始注意燃烧现象。斯塔尔是德国著名的医生，他也很喜欢化学。对于燃烧之谜，斯塔尔根据他的老师、德国化学家柏策的理论，提出了一种不同于波义耳的见解。

"为什么木头能够燃烧，石头不能燃烧？"对于这个问题，斯塔尔这样回答："木头之所以能够燃烧，是由于木头里含有一种特别的'要素'；石头之所以不能燃烧，是在于它不含有这种特别的'要素'。不光是木头如此，煤、木炭、蜡烛、油、磷、硫黄——简而言之，一切可燃的物质——都含有这种特别的'要素'。这种'要素'是什么呢？我叫它为'燃素'。于是，我认为所有的可燃物质，都是一种燃素的化合物，其中的成分之一便是燃素……当一个东西燃烧的时候，其中的燃素便分离出来，而且所有的燃烧现象——热、光、火焰——都是因为燃素逸出而发生的剧烈现象。"

斯塔尔还说："木头是燃素和灰的化合物。木头燃烧，就是燃素从灰中分离出来。燃烧后，燃素就跑掉了，自然，炉膛里剩下的灰，也就不会再燃烧了。至于金属，那当然也是一样——在煅烧时，金属失去了燃素而剩下灰烬。"

根据斯塔尔的燃素学说，金属燃烧的过程，用算术式子来表示的话，就是：

$$金属 - 燃素 = 灰烬$$

这跟波义耳的"金属 + 火素 = 灰烬"的公式恰恰相反。

斯塔尔的燃素学说，获得了许多科学家的赞同，因为它很圆满地解释了许多以前没法解释的科学现象。

如果你有机会到博物馆里去瞧瞧，翻开一本200多年前欧洲流行的化学教科书，在那发黄的书页上，你一定可以看到这样的话：物质能够燃烧，是因为含有燃素。物质所含的燃素越多，物质就越容易着火和燃烧。煤、脂肪、油类、木头非常容易燃烧，是由于它们几乎是由燃素组成的。在一些普通的金属中也含有燃素，这就是金属也能够燃烧的原因。不过，金属中所含的燃素不多，所以它燃烧时没有木头那样猛烈，所剩下来的灰烬也比木头多。

瞧，燃素学说讲得多么头头是道！

燃素学说还很圆满地解释了许多别的难题。

比如，人为什么要呼吸？这是过去人们一直想不通的"为什么"。然而，燃素学说解释道：呼吸，实际上就是人在不断地排出燃素的过程。从肺里不断吐出来的气体中，便含有许多燃素。因为呼吸是一个排出燃素的过程，如同木头燃烧时散发出燃素，所以能产生热，人体的热量便是从这儿来的。

在 17—18 世纪，人们所知道的化学知识还只是零零碎碎、东鳞西爪的，没有形成一个完整的系统和一种严格的理论，每个化学家对于各种化学现象，都各有自己的一套说法。由于每一种说法都不是很完善，难以使人信服，因此，化学就好像一支没有指挥官的队伍，一片混乱。

燃素学说出现以后，得到了各国科学家的支持，于是，燃素学说成了化学的"统帅"——指导理论。正如恩格斯所指出的：燃素学说曾足以说明当时所知道的大多数化学现象，虽然在某些场合不免有些牵强附会。[1] 从此，化学就"借燃素说从炼金术中解放出来"[2]，发展成为一门有理论的、系统的科学。

当时，在科学院的论文报告会上、在实验室里、在学校的讲台上，燃素学说到处被讲述着、引用着、传播着。燃素学说被写进科学专著，写进教科书。

燃素学说，一度统治着化学。

 寻找燃素

打破砂锅问到底：燃素又是什么呢？

谁也不知道。

---

[1] 引自《资本论》第二卷《序言》，人民出版社 1975 年版，第 20 页。

[2] 引自《自然辩证法》，人民出版社 1971 年版，第 9 页。

人们为了追根求源，开始在实验室里，用各种各样巧妙的办法寻找燃素，提取不含任何杂质的、纯净的燃素。

找呀，找呀，英国化学家在找，法国化学家在找，德国化学家在找，俄国化学家也在找——人们足足寻找了半个世纪，可是，谁也没有提取到一丁点儿"不含任何杂质的、纯净的燃素"。

英国化学家亨利·卡文迪什的一个实验，深深地吸引了那些寻找燃素的人们的注意。卡文迪什是一个身材瘦长的人，平时很少说话，英国皇家学会开会时，他总是到会，但照例总是不发言，静静地坐在那里听。虽然他说话不多，但他看的书、做的实验、写的论文、在科学上所做的贡献却不少。在卡文迪什家中，他认为最珍贵的东西是图书和仪器。他不太喜欢把时间花在宴会和舞会上，只喜欢一个人静静地埋头于实验。他除了出去参观工厂或者考察地质，很少外出，整天都待在实验室里。

1766 年，卡文迪什在实验中发现了这样一个奇怪的现象：他把锌片和铁片等金属扔进稀硫酸里，金属片顿时大冒气泡。他小心地用瓶子把这些冒出来的气体收集起来。使他惊讶的是，这些气体看上去似乎平平常常，像空气一样无色无味，然而，一遇到火星，却会立即燃烧，发生爆炸。❶

卡文迪什把自己的发现写进了论文，发表了。

"燃素找到了！燃素找到了！"那些正在为找不到燃素而苦闷的科学家，一看到卡文迪什的论文，简直高兴得跳了起来。他们认为，那无色无味的气体，就是燃素。因为根据燃素学说，"金属 − 燃素 = 灰烬"，换句话说，就是"金属 = 燃素 + 灰烬"。在卡文迪什的实验里，金属和酸液

---

❶ 实际上，卡文迪什发现的气体是氢气。

混合，放出了会燃烧的气体，而在酸液中只剩下一些渣滓。因此燃素学说的支持者们解释道，在金属和酸作用时，金属被分解了，变成燃素和灰烬两部分，放出来的可燃气体就是燃素，剩下的渣滓便是灰烬。

这样，燃素学说似乎第一次获得了实验的证实。后来，又有一件事情，有力地给燃素学说撑了腰。

1785 年，俄国化学家、科学院院士托·叶·罗维兹，在彼得堡皇家大药房的实验室里忙碌着。罗维兹高高的前额下有一双细致严谨的眼睛。在他周围，摆满了装着液体的瓶瓶罐罐。

那时候，医药上正需要大量纯净的酒石酸，而普通的酒石酸总是含有许多杂质。罗维兹想：怎样提纯这些普通的酒石酸呢？

罗维兹慢慢地在火上把酒石酸溶液加热。令人遗憾的是，不论怎样小心地加热，本来稍微带点儿黄色的粗酒石酸溶液在蒸发时，总是会变成红褐色的混浊液体，最后甚至变成黑色的黏稠液体——反而比原先更加糟糕了。

罗维兹写道："这种混浊液体使我感到特别不愉快，我从来没有像现在这样强烈地希望过，希望设法避免这一不愉快的现象……"

怎么办呢？

在当时，罗维兹是燃素学说的热烈支持者之一，他开始用燃素学说的观点来分析实验现象。

酒石酸晶体是能够燃烧的。罗维兹不由得这样想：酒石酸中显然含有大量的燃素。燃素只有在完全燃烧时，才会全部从物质中释放出来。而在稍微加热时，例如慢慢地蒸发酒石酸溶液时，燃素只能部分被释放出来。

"也许，那可憎的红褐色和黑色的混浊液体，就是放出来的燃素的化合物吧。"罗维兹这样猜测。

接着，罗维兹又想到：如果在酒石酸溶液里，加入某种能够吸收燃素的物质，这岂不是就能够消灭那令人不愉快的混浊物，而得到纯净的酒石酸了吗？

木炭，是最富有燃素的物质之一。罗维兹知道，要是把木炭放在密闭的容器中，即使加热到极高的温度，它也不会燃烧——不肯放出燃素。[1] 这样，罗维兹认为，木炭对燃素一定是非常贪婪的。他得出了结论：如果真是这样的话，那么，使木炭和燃素相接触，它就能大量地吸收燃素。换句话说，如果把木炭放进酒石酸溶液，它就能吸收那可憎的红褐色和黑色的混浊物。要证明这个从燃素学说里得出来的结论是不是正确，并不困难——他可以动手做个实验试试看。

于是，罗维兹在实验室里，又开始加热酒石酸溶液。到了溶液中再出现那"不愉快"的红褐色混浊现象时，他就加放一些捣碎的木炭摇晃，等黑色的炭粒沉淀下去，溶液果然变得无色透明了。罗维兹把炭粒滤掉，冷却溶液，在蒸发后的溶液里，就出现了大块的、漂亮的、无色透明的酒石酸结晶体。

罗维兹把自己的实验经过写成论文，发表在《克瑞里斯化学年报》1786 年第一卷上。接着，罗维兹又用木炭粉做了许多实验，证明木炭粉还能使褐色的盐水脱色，使蜂蜜、糖汁、染料脱色，可以除掉普通酒里有怪味的杂醇，可以使带有腐臭味的水变成可以喝的饮料等。

1794 年，罗维兹还亲自用木炭粉来净化俄国船队上不适合做饮料的水和制酒工厂里的酒精。

罗维兹的实验，再次证明了燃素学说的正确性——因为从燃素学说

---

[1] 现在看来，其实这主要是在密闭容器中缺乏氧气的缘故，而不是木炭"不肯放出燃素"。

所得出的结论，居然被实验所证实了。❶

就这样，相信燃素学说的人更多了。当时化学界的权威们，如瑞典化学家托贝恩·奥洛夫·贝格曼、德国化学家安德烈亚斯·马格拉夫、法国化学教授卢爱勒、瑞典化学家兼药剂师舍勒等，都是燃素学说最热烈的拥护者和最忠实的信徒。

就这样，燃素学说，在化学史上几乎统治了一个世纪。❷

动　摇

在 18 世纪，科学家们不光是相信有燃素存在，而且还相信存在着别的许多秘密"要素"。

你要是问：铁为什么具有重量？

他们回答道：因为在铁的微孔中存在"重素"。

你要是问：为什么有的东西热，而有的东西冷呢？

他们回答道：这是因为热的东西里含有"热素"，冷的东西里含有

---

❶ 现代科学证明，罗维兹的实验实际上只是一种吸附现象，因为木炭是一种很好的吸附剂，具有很大的表面积，能够吸附色素，使溶液脱色。罗维兹从燃素学说得出结论而使实验成功，这只是个偶然的巧合。罗维兹发现木炭的吸附性能，这在科学上是重大的贡献。但是，他以这个实验企图证实燃素学说，却是错误的。

❷ 燃素这一概念，最早是斯塔尔的老师、德国科学家柏策提出的，斯塔尔加以引申和发展。燃素学说在化学上的影响是很深的，虽然拉瓦锡已于 1777 年前后，以充分的实验作为根据，驳倒了燃素理论。但是许多化学家还是不相信拉瓦锡的理论，仍坚持燃素理论。如上面提到的罗维兹，在 1785 年还企图用实验证实燃素的存在。因此在化学史上，称 18 世纪为"燃素时期"。

"冷素"。

你要是问：空气为什么能够被压缩，而且具有弹性呢？

他们回答道：那是因为空气含有"弹性素"。

他们另外还解释说：光，是因为有"光素"，电有"电素"，磁有"磁素"……

那时科学家们的逻辑就是这样：遇上有什么解释不通的现象，便认为这是由于含有特殊的"某素"的缘故。如果你再追问一句这"某素"是什么，他们的回答是不知道，或者不可思议！

就这样，各式各样令人眼花缭乱的特殊"要素"，简直成了万应灵丹。当时在自然科学的书籍中，满满的都是这样或那样的奇妙"要素"。

尽管千奇百怪的各种"要素"满天飞，然而，谁也没有真正见到这些"要素"。

俗话说得好："真金不怕火炼。"要分清是假金还是真金，需用火来检验；要分清是谬论还是真理，需用实践来检验。实践，是检验真理的唯一标准。

燃素学说，在实践中却遭到重重困难。

人们发现了这样的事儿：一支点着了的蜡烛，如果放在密闭的罩子里，没一会儿就会熄灭。

蜡烛既然含有燃素，为什么在密闭的罩子里会熄灭呢？它所含有的燃素并没有跑掉呀！如果你把罩子打开，蜡烛照样可以点燃，发出柔和而昏黄的光。

斯塔尔对于这个现象，做了这样的解释：那是因为在密闭罩里的空气，已经"吸饱"了燃素的缘故。

他说："当空气对于燃素已经饱和了的时候，便不能再吸收燃素了。于是，蜡烛中的燃素便不得不停止放逸，火焰也就熄灭了。"

其实，这是一种牵强附会的解释。

至于波义耳的实验——金属在煅烧后质量增加了，也给燃素学说带来了巨大的难题：既然金属在煅烧时，是在不断地放出燃素，那么，煅烧以后，金属失去了燃素，照理应该比煅烧前更轻，为什么结果反而是质量增加了呢？

起初，一些为燃素学说辩护的科学家们说：燃素是没有质量的东西！

可是，这样还不能自圆其说——如果说燃素没有质量的话，那么，金属在煅烧前后应该是一样重才对呀！为什么波义耳的实验却一再证明，金属的质量的确增加了呢？

于是，这些科学家们又修改了自己的理论，他们说：燃素不是没有质量的东西，而是具有"负的质量"。因为地心对它不但没有吸引力，反而对它有排斥力。火焰，是燃素从燃烧物体中逃逸形成的。火焰总是向上，便是由于燃素具有"负的质量"，向上飞的缘故。也正因为这样，当金属被煅烧时，燃素就跑掉了，剩下的渣滓失去了"负的质量"，它本身的质量也就增加了。

当时，法国著名的燃素学说理论家、蒙彼利埃医学院教授加勃里尔·文耐尔便宣称燃素具有"正的轻量"（亦即"负的质量"）：燃素并不被吸向地球的中心，而是倾向于上升，因此在金属灰渣形成后，质量便有所增加，而在它们还原时质量就减少。

有趣的是，还有人把燃素比作"灵魂"。他们说，金属失去燃素，就好比活着的人失去了灵魂。人失去灵魂以后，尸体比活着时要重；死的灰渣当然也就比活的金属重。

这是第二个牵强附会的解释。

真理，放之四海而皆准；谬论，则常常矛盾重重，错误百出。燃素学说的拥护者们虽然费了好多力气，才"解释"通波义耳的实验，可是，没想到这又和另一件事相矛盾了。

许多燃素学说的拥护者一直认为，卡文迪什用金属和酸作用所获得的可燃气体就是燃素。然而，不久，人们便发现这种气体是氢气（当时称为"水素"），它只不过是一种普普通通的气体罢了，而且具有一定的质量，并不是具有"负的质量"。换句话说，如果燃素学说的拥护者们认为燃素具有"负的质量"，那么，氢气就不是燃素；如果认为氢气是燃素，那么，就无法解释波义耳的实验。燃素学说，可真成了"床下挥斧头——不碍上，就碍下"。

人们开始怀疑氢气并不是燃素，于是，燃素学说遇到了第三个困难：燃素究竟是什么？它的性质怎样？究竟能不能把它提取出来？

这是一个老问题——从燃素学说诞生的第一天起便存在的问题，同时也是许许多多科学家费尽心思但久未解决的问题——没有提取到纯净的燃素。那些醉心于燃素学说的科学家们，面对难堪的局面，又做出了新的"解释"：无论是"燃素"，还是"电素""光素""磁素"，这些"素"全是一些看不见、摸不着、听不到、没有质量或者具有"负的质量"的东西。这些奇妙玄虚的"素"，是没法提取出来的，因为当你把它装到任何一个密闭的瓶子里时，它会立刻穿过瓶壁溜掉……也正因为这样，人们是无法提取这些"素"的。总之，燃素是不可捉摸的东西。

这是第三个牵强附会的解释。

鱼目岂能混珠？科学是一门老老实实的学问；事实是科学的最高法庭。在科学上，牵强附会、强词夺理是没有用处的，像是在石臼里捣水——白费力气。只要是不符合事实，任何"理论"即使说得天花乱坠，也只能算是谬论。

燃素学说在科学实践中困难重重，在生产实践中也是擀面杖吹火——一窍不通。在18世纪中叶，由于冶金工业，特别是钢铁工业的迅速发展，人们迫切地需要一种新的、正确的理论来解释金属的冶炼过程，指导生产的进一步发展。然而，燃素学说却像一根柔软无力的蛛丝，无法鞭策生产向前发展。例如，当时炼铁厂迫切需要解决炼铁炉的鼓风问题——为什么要往炉里鼓风？风的流速多大最合适？炼一吨铁要鼓进多少空气？空气最合适的温度是多少摄氏度……这一系列问题，都涉及燃烧的本质，是燃素学说没法解决的。

燃素学说在动摇中。

 ## 论冷和热的原因

1745年1月，在俄罗斯彼得堡科学院的全体大会上，一位宽肩膀、高个儿、头上戴着假发的副研究员，在大声地宣读着自己的论文——《论冷和热的原因》。

这位30多岁的副研究员，在论文中提出了一个崭新的观点：他不同意科学界中最流行而又最普遍的关于冷和热的看法——冷是由于物体中含有"冷素"，热是由于物体中含有"热素"。他认为，冷和热的根本原因，就在于物质内部的运动。

这是一个前所未有的观点，这是一个向当时最流行的关于冷和热原因的理论的大胆挑战。

宣读这篇论文的科学家，就是俄罗斯彼得堡科学院副研究员米哈伊尔·瓦西里耶维奇·罗蒙诺索夫。

罗蒙诺索夫诞生在俄罗斯北方荒僻的德维斯基县米沙宁斯卡雅村一

个渔民的家里。小时候，罗蒙诺索夫常常跟着父亲出海捕鱼。

罗蒙诺索夫从小就非常好学，可是，他家里很穷，父亲又目不识丁。他在不随父亲出海的日子里，就常常到邻居伊凡·舒卜依家里去。舒卜依是村子里一位有学问的人，罗蒙诺索夫从他那里学会了读和写。他还向舒卜依借了许多书，一空闲下来，就贪婪地读着。很快，他读完了他在村子里所能借到的所有书籍。

强烈的求知欲，驱使罗蒙诺索夫在 19 岁的时候离开了故乡，到莫斯科去求学。他怕父亲不让他走，在一个北风呼啸的寒夜，趁家里的人都睡着时，穿着两件单薄的衣衫和一件光板的皮袄，带着舒卜依借给他的三个卢布，偷偷离开了家。由于身上仅有三个卢布，他不得不冒着严寒，从故乡一直步行到遥远的莫斯科。

经过了长途跋涉，1731 年 1 月初，罗蒙诺索夫终于来到盼望已久的莫斯科，并以优异的成绩，考进了当时莫斯科唯一的高等学校——斯拉夫－希腊－拉丁语学院。

在斯拉夫－希腊－拉丁语学院里，罗蒙诺索夫第一次走进了图书馆。看到那么多的书籍，他简直像一个饿汉闯进一个放满白面包的厨房里一样，贪婪地读了起来。

罗蒙诺索夫以惊人的勤奋和顽强的意志学习着，在一年时间里，他就学完了三年的课程。在这个学院里，他并没有念完最后一个学期，因为这个学院所讲授的知识已经不能满足他的需要了。他很想探索大自然的奥秘，但是，这个学院并没有自然科学方面的课程。由于罗蒙诺索夫成绩优异，他被选派到彼得堡去，在那里的科学院附属的大学里学习。

罗蒙诺索夫来到彼得堡后，还不到一年，便又被派到德国去学习冶金和采矿。在德国，罗蒙诺索夫得到了实际的锻炼，成了一个知识渊博的人。

由于罗蒙诺索夫平时学习刻苦，善于观察和分析自然界的各种现象，他的科学思想远远地超过了他的同时代人。

罗蒙诺索夫首先向"热素学说"开火。在《论冷和热的原因》这篇著名的论文中，他写道：

在我们这个时代，把热的原因归结于某种特别的物质，大多数人管这种物质叫作"热素"，另外一些人管它叫作"以太"，还有些人甚至叫它"火素"。大家认为物体里所含的热量越多，那是因为它所含有的热素越多……这种看法，在很多人的脑子里，已经是那样根深蒂固，以至在各种物质学的著作中也可以看到……

波义耳认为"热素"不仅具有质量，甚至还是一种化学元素呢！他曾经排过一张化学元素表，在这张表中，写着各种化学元素：铁、铜、铅、热素……

但是，罗蒙诺索夫认为这种"热素"是人们凭空臆造出来的东西。他在《论冷和热的原因》一文中问道：

这种热素是从哪儿来的呢？例如，在冬季严寒的天气中，这时好像不该有什么热素存在了吧，但是，一点儿星星之火，会烧掉一大堆火药，燃起熊熊烈焰，使人感受到温暖，这热素是从哪儿来的呢？是由于什么奇怪的性质，使热素一下子聚拢来的吗？难道它会在瞬息之间跑来又跑回去吗？……显然，这不仅和经验相矛盾，而且不合乎常情。

罗蒙诺索夫接着写道：

许多动物并不吃什么热的东西，可是，它们却浑身温暖，甚至能够把它们附近的东西也变得暖和起来。热素的拥护者和辩护者们，请解释一下：热素是怎样跑进动物身体里去的？是不是它跑进去的时候是冷的？但是，"冷的热素"——这岂不是和潮湿的干燥、黑暗的光明、柔软的刚性或者四方的圆一样荒谬滑稽吗？

罗蒙诺索夫得出的结论是：这种虚无缥缈的"热素"，实际上并不存在。

冷和热的原因究竟是什么呢？

罗蒙诺索夫回答道："大家都知道得很清楚，运动会引起发热，双手互相摩擦会感到温暖，火镰打击燧石会迸出火花，接连用力地锻打铁块，铁块会灼热到发红。但是，如果让它们停止运动，那么，热量就会逐渐减少，而产生的火也就熄灭了。"

但是，也有些物体看上去并没有在动，却也能发热。例如，炭在燃烧的时候，这些热又是从哪儿来的呢？难道这也是由于运动的结果而产生的吗？

罗蒙诺索夫的回答是——同样是由于运动而产生的，物体能够按照两种方式来运动：一种是一般的方式，这时候整个物体不断地改变自己的位置，物体内部的粒子却是相对静止的；另一种是内部运动的方式，就是物质内的、感觉不到的粒子的位置在不断地改变。又因为在最激烈的一般运动的时候，常常不会产生大量的热，而在没有这种运动时却会产生大量的热，可见热的产生主要是由于物质内部的运动。

罗蒙诺索夫最后总结道："十分明显，热的主要原因在于运动。既然运动不能脱离物质来进行，那么，热的根本原因必定是某种物质在运动。"

按照现代物理学的观点来看，罗蒙诺索夫的论断是正确的：所谓

"感觉不到的粒子"，实际上就是分子。热，就是物质内部分子所做的不规则的运动。物质越热，它内部分子的运动就越厉害。一块铁，在平常是固体，内部的铁分子（铁实际由原子构成，但那时人们并没有"原子"这个概念）只是在作微小的振动，就好像一个不倒翁似的左右摆动。如果把铁加热到 1000℃以上，铁分子的运动就会大大加剧，它不再作微小的振动，而是离开了原先的位置，到处"乱撞瞎逛"——铁就这样变成了液体。要是再加热，铁分子的运动会变得更加厉害——铁液沸腾，以至变成铁的蒸气。

在最冷的温度——绝对零度（－273.15℃）时，物质内部的分子，几乎停止了振动，安静得像摇篮里睡熟了的婴孩。

罗蒙诺索夫的论文，引起了科学界的争论。《论冷和热的原因》这篇论文，用拉丁文印在科学院的刊物上，送到各国科学院、大学和图书馆。许多国家的杂志，也都纷纷翻译和转载了这篇不寻常的论文。

但是，罗蒙诺索夫这种大胆的见解，也受到了许多守旧派科学家的讥笑和反对。在 1745 年 1 月 25 日彼得堡科学院的会议记录上，便记载着这样的话：这位副研究员（指罗蒙诺索夫）钻研关于冷和热的原理的目的和努力是值得赞许的，但是他似乎过于急躁地从事于看来是超过他能力的工作，尤其是当他企图对各种物质运动的原理进行探讨的时候，他根本没有足够的证据。接着，这份记录还指责罗蒙诺索夫不应该攻击光荣的波义耳。尤其是当时掌握彼得堡科学院大权的德国科学家们，更是看不起这位俄罗斯科学家的工作，认为罗蒙诺索夫是"完全错误的"。

其实，这不足为奇，有哪一种新的理论，当它诞生时，不受到守旧派的攻击呢？有哪一种新的理论，不是在和守旧派激烈的斗争中成长起来的呢？

真理是多助的，真理走遍天下都不怕。过了 50 多年，罗蒙诺索夫的见解，得到了两位科学家有力的支持。

一位科学家叫本杰明·汤普森，他是美国人，移居到德国工作。1797 年，汤普森在慕尼黑造大炮时发现，用钻头往圆钢中钻孔，制造炮筒，没钻多久，钻头热了，炮筒也热了，热得烫手。

汤普森感到奇怪：为什么会发热呢？热量是从哪儿来的呢？

热素学者们说：大抵是钻头与圆钢发生化学反应，产生了热。

汤普森不相信热素学说那一套，他认为：热可由运动产生，它绝不是一种物质。本杰明·汤普森仔细检查了钻头和圆钢，果然，它们并没有发生化学变化。

热素学者们说：也许是钻头把金属中的"潜热"——潜藏着的热素，给钻出来了。

汤普森驳斥道："潜热"是什么东西？从哪儿钻出来？我不停地钻，钻头就不停地发热，哪来那么多的"潜热"？

热素学者们说：大约是周围物体的热素跑了进来。

对这种说法，另一位著名的英国科学家汉弗里·戴维在 1799 年进行了一个新的试验，给了热素学说的维护者们当头一棒。

戴维把两块冰放在真空中摩擦，周围的温度低于 0℃。照理，周围物体的"热素"是不可能跑到冰中去的。然而，这两块冰经过互相摩擦，居然都融化成水了！

戴维认为，热是"一种特殊的运动，可能是各个物体的许多粒子的一种振动"。

然而，热素学说仍顽固地盘踞在科学界，为当时的大多数科学家所接受。一直到 19 世纪 50 年代，人们还多半相信热素学说——真理与谬论之间的斗争，是何等尖锐，而真理要战胜谬论，又是何等艰难哪！"世人皆醉我独醒，世人皆浊我独清。"真理最初总是掌握在少数人手中。真理为大多数人所认识，需要时间。

 # 波义耳错了

1756 年，罗蒙诺索夫为了进一步用实验、用事实来批驳波义耳的理论，重新做了波义耳关于金属在加热后质量增加的实验。

同波义耳一样，罗蒙诺索夫的实验，也在密闭的玻璃瓶中进行，以便研究金属由于单纯的受热是否会增加质量。

这时，离波义耳当初在英国所做的这个实验，已经有 80 多年了。在这 80 多年间，不知有多少位著名的科学家重复地做过波义耳的实验，都得出跟波义耳相同的结果——金属在密闭的容器中煅烧后会增加质量。这个结论，在人们看来简直是已成定论，不可动摇的事实了。但是，罗蒙诺索夫所得的实验结果，却与波义耳的恰恰相反：在密闭的玻璃瓶中加热金属，金属质量并没有增加。

这是怎么回事呢？

罗蒙诺索夫是这样进行自己的实验的：他把金属放在一只曲颈甑里，把曲颈甑的瓶口封闭起来❶，然后连曲颈甑一起放在天平上称好质量。接着，就拿去进行加热。等加热完毕，曲颈甑里的金属表面已经蒙上了一层渣滓。他把曲颈甑冷却，仍旧密闭着瓶口（不打开塞子！）放在天平

---

❶ 实际上是事先稍微加热一下，使瓶内空气膨胀，赶走一部分，然后再塞上塞子。如果不这样事先加热一下，那么，在塞上塞子后，再一加热，瓶内空气膨胀，会引起爆炸。

上称质量。这样，前后称得的质量完全一样。

罗蒙诺索夫的实验和波义耳的实验的不同之处，主要就在于：罗蒙诺索夫在整个实验过程中，都一直把瓶口密闭着，没有打开。而波义耳呢？他虽然在加热时密闭着瓶口，但是，刚刚加热完毕，他却立即把瓶口打开，正如他自己在论文中所写的那样：这时外面的空气发出了"咝咝"的声响，冲进了容器。

波义耳的错误，就在于他虽然听到了这"咝咝"的声响，却忽视了它！

在罗蒙诺索夫的实验中，虽然金属在加热时，由于同瓶中的空气（主要是氧气）相化合而部分变成渣滓（主要是氧化物），但是，瓶口始终是封闭着的，瓶外的空气不能进入瓶里，因此瓶子的质量在加热前后依然不变。而波义耳呢？正如罗蒙诺索夫所指出，那是因为波义耳最后把瓶子打开，瓶外的空气带着"咝咝"的声响闯进来。毫无疑问，这些不断地在金属表面流动着的空气微粒，会与金属相化合，因而增加了它的质量。

罗蒙诺索夫用铁一样的事实，证明波义耳错了！他写道：这个实验说明了光荣的波义耳的意见是错误的，因为杜绝了外界的空气，煅烧后的金属质量保持不变。

罗蒙诺索夫用铁一样的事实，证明了80多年以来那些按照波义耳的方法"照方配药"的实验，也都错了！

世界上最容易的事，莫过于踩着别人的脚印走。但这样做，如果前面那个人走错了路，自己也会跟着走错。因循守旧的人，就像老是围着碾子打转的驴子一样，永远不会走别人没走过的路，发现别人没有发现过的东西。

既然波义耳的实验结果是错误的，那么，他所提出的"理论"——

玄妙的"火素"钻进瓶子和金属化合——也就犹如摧枯拉朽一般，不值一驳了。因为事实是理论的基础，是理论的根据，只有建立在可靠的事实基础上的理论，才能成为可靠的理论。一旦所依据的事实动摇了，那么犹如一座建筑在沙滩上的高楼大厦一样，那"理论"势必要倒塌。

瓦上的霜，见不得太阳。"热素学说"在事实面前也就破产了。

 # 伟大的定律

在古代，人们常常看到一些好像凭空而生或是不翼而飞的现象，却百思而不得其解。

一颗小不点儿的种子，会发芽、会成长，鹅黄的幼芽会成长为一棵亭亭如盖的巨树。这构成树木的物质是从哪儿来的呢？真的是无中生有吗？

木头燃烧后不见了；蜡烛燃烧后，也变得无影无踪。它们到哪儿去了呢？真的是不翼而飞了吗？

每年秋天，无边落木萧萧下，大地铺满了落叶。可是，后来这些树叶又不知到哪儿去了，连一片也没看见。难道这又是不翼而飞——物质能够被消灭吗？

…………

一句话，在人们面前，摆着这样一个问题：物质能不能凭空产生？物质能不能无影无踪地被永远消灭？

在2400多年前，古希腊哲学家德谟克利特曾经做过一个正确的臆测，他在一首诗里写道：

无中不能生有，

任何存在的东西也不会消灭。

看起来万物是死了，

但是实则犹生。

正如一场春雨落地，

霎时失去踪影，

可是草木把它吸收，长成花叶果实，

——依然欣欣向荣。

　　明末清初，我国唯物主义思想家王夫之明确地提出了"生非创有，死非消灭""聚散变化，而其本体不为之损益"，认为世界上的物质是"不生不灭"的。另外，中国有句流传甚广的谚语——"巧妇难为无米之炊"。这句话其实也就是不能"无中生有"的意思。

　　然而，不论是德谟克利特的臆测，还是王夫之的精辟论断，在当时都并没有引起人们的重视。

　　有趣的是，当人们每天清早去买菜的时候，除了注意今天买的是什么菜——白菜、菠菜还是红萝卜，还会注意另一件事——每样菜到底打算买多少，1千克、2千克还是4千克、5千克。为了称菜，人们还发明了秤。

　　然而，在罗蒙诺索夫以前，科学家们在研究化学反应时，却并不像买菜那样。他们常常只关心经过化学反应以后得到了什么样的产物——红的、黄的还是白的？固体、液体还是气体？香的、臭的，还是没有气味的？甜的、苦的、酸的、咸的、辣的，还是什么味道都没有的？但是他们却忘掉了另一桩重要的事情——用了多少原料，经过化学反应得到了多少产物？是多了还是少了，还是不多不少？换句话说，他们只是关心买什么"菜",而不关心买多少"菜"。用化学的语言来叙述,那就是:他们只是定性地研究化学反应,却很少定量地研究化学反应。

"我想,"罗蒙诺索夫曾经这样讲过,"不会有一个科学家不知道化学实验的方法是非常多的,但是他不能否认,几乎所有过去做实验的人,对度量和衡量这样极端重要和迫切的事情却没有提到过。然而,应用这两种量的结果,告诉了每一个在物理和化学的实验方面埋头苦干的人,这两种量,会给他在实验的时候带来多少真实的情况和敏锐的洞察力啊!"

罗蒙诺索夫和他同时代的一些科学家不同,他把定量的方法运用到化学实验中,经常使用天平,十分重视物质质量的变化。

罗蒙诺索夫不管做什么实验,总是要记录参加反应的各种物质的质量,和反应所得的产物的质量。关于这一点,他曾经不止一次地在自己的论文和工作日记里谈到过。

渐渐地,罗蒙诺索夫开始发现了这样的现象:参加化学反应的物质的总质量,常常总是等于反应后产物的总质量。也就是说,在化学反应中,尽管发生了各式各样的反应,有的物质由无色一下子变得五光十色,有的物质由碧清透明一下子变得一片混浊,有的物质一下子被溶解了,有的物质大冒气泡……但是,物质的总质量总是不变的,既不增加,也不减少。

罗蒙诺索夫敏锐地看到,这一规律具有非常重大的意义,因为它指出了物质既不能无中生有地凭空产生,也不能无影无踪地被永远消灭。

罗蒙诺索夫早在重新校核波义耳实验的 8 年之前——1748 年,便清楚地阐述了这一规律。

1748 年 7 月,著名的俄国数学家、科学院院士辽那特·爱伊列尔收到了他的好朋友罗蒙诺索夫在 7 月 5 日写的一封信。这封信长达 30 页!不,这与其说是信,倒不如说是一篇科学论文。因为在那时候,邮电通信还很不发达，科学杂志不仅印数少，而且发行很慢。科学家们常常把自己的研究成果写在信上，直接寄给自己的朋友们。朋友们收到这些信件后，常常在各地的一些学术报告会上当众宣读，这样就可以很快地把新的发现、新的理论传播开。

在这封给爱伊列尔的长信中，罗蒙诺索夫写道："如果我没有弄错，那么，大家所知道的罗伯特·波义耳是第一个在实验中证明了，金属在煅烧后，质量会增加的科学家。"但是罗蒙诺索夫并不同意波义耳的结论，接着他又写道："在自然界中发生的一切变化都是这样的：一种东西增加多少，另一种东西就减少多少。例如，我在睡眠中花费多少个小时，我醒着的时间也就减少多少个小时，以此类推。"

用现代科学的语言来叙述，就是：在一切化学反应中，参加反应的各种物质的总质量，等于反应后生成的各种物质的总质量。也就是说，物质是永恒的，它既不会凭空地被创造出来，也不能任意地被消灭掉，而只能相互转化。

爱伊列尔院士读完了罗蒙诺索夫的这封长信以后，深知罗蒙诺索夫的见解和权威们的见解相抵触，没有大量精确的实验作依据，是不能和权威们相抗衡的，更不可能使他们服输。

正因为这样，爱伊列尔非常希望罗蒙诺索夫能够继续钻研下去，深入探讨这一规律。1748 年 8 月 24 日，爱伊列尔写了一封信给罗蒙诺索夫，这封信是交给彼得堡科学院院长拉宗夫斯基伯爵转达的。爱伊列尔顺便给这位院长附了一封信，在信里他写道："我恳请阁下为了这个物理学上极端精细的问题，转复罗蒙诺索夫：我不知道有谁能比这位天才的人物更好地分析这一繁难的问题。"

跟爱伊列尔所希望的一样，罗蒙诺索夫很早就想以精确的实验来论证物质不灭定律，以便发表。但是，那时的彼得堡科学院的大权一直掌握在德国教授们的手中。他经常遇到德国教授们的冷遇，经过了好多年的斗争，他才在瓦西匀甫斯基岛兴建起了俄国第一个化学实验室。

直到 1756 年，罗蒙诺索夫才有机会开始校核波义耳的实验，并且又做了许多其他的实验，从根本上推翻了"热素学说"，建立了物质不灭的概念。

1760 年 9 月 6 日，在彼得堡科学院的一次隆重的会议上，罗蒙诺索夫向全体院士和许多应邀出席大会的外国科学家、外交使节，宣读了自己的论文——《论物质的固体和液体》。在这篇论文中，罗蒙诺索夫提出了物质不灭的概念。

 # 氧 的 发 现

罗蒙诺索夫在解释开口瓶中加热金属，结果质量增加的现象时说："那是因为不断地在热金属表面流动着的空气微粒，会同灼热的金属相化合，因而增加了它的质量。"

"空气微粒"，究竟是怎样和金属化合的呢？空气中究竟有些什么东西？当时，氧气还没有被发现，人们对于这些问题还不太清楚。虽然热素学说被推翻了，但是，要想再推翻"燃素学说"，还必须彻底揭开燃烧的秘密，必须搞清楚空气在燃烧过程中究竟担任了什么样的角色这一问题。

实际上，燃烧就是物质和空气中的氧气激烈化合而放出光和热的过程。氧气的发现，成了揭开燃烧之谜必不可缺的前提。

据考证，中国学者马和（译音）在公元 8 世纪（唐朝）时，已经对氧气做了深入的研究。他在《龙认》一书里，记载了氧气的制取和燃烧原理。在欧洲，人们以为氧气是由瑞典化学家卡尔·威尔海姆·舍勒和英国化学家约瑟夫·普利斯特利分别在不同的地方，各自独立发现的。❶

普利斯特利是英国的牧师，他写过许多关于宗教和传教的书籍，但是他也很喜爱自然科学，特别是喜欢化学。他出生在一个很贫苦的裁缝家里，在他 7 岁时，母亲便死了。普利斯特利是一个很文静的人，身体瘦弱，但学习很勤奋。小时候，他跟一个牧师学拉丁文和希腊文，到了 16 岁的时候，又自学法文、意大利文和德文。后来，他做了牧师，并兼任一个学校的校长。

有一次，普利斯特利偶然遇到了美国科学家富兰克林。富兰克林向他讲述了许多自然科学方面有趣的问题，一下子吸引了他。从此，普利斯特利开始对自然科学产生兴趣。他常常在空闲的时候，做着各种化学实验。特别是 1772 年以后，他在英国舍尔伯恩伯爵的图书馆里工作时，阅读了不少自然科学方面的著作，更加爱上了化学。

1771 年 8 月 17 日，普利斯特利在一个密闭的瓶子里，放进一支点着了的蜡烛。蜡烛很快就熄灭了。接着，他又往瓶子里放进一束带着绿叶的薄荷枝。到了 8 月 27 日，他重新再往瓶里放进一支点燃了的蜡烛，蜡烛竟然能够燃烧。

于是，普利斯特利又做了另一个实验：在两个密闭的瓶子里，都放进点燃了的蜡烛，在它熄灭之后，在一个瓶子里放进薄荷枝，而另一个瓶子里什么也不放。几天之后，当他再把点燃了的蜡烛分别放进两个瓶子时，放了薄荷枝的瓶子里的蜡烛继续燃烧着，而在另一个没有放薄荷

---

❶ 普利斯特利在 1774 年 8 月 1 日发现氧气，于 1775 年发表关于氧的论文。舍勒是 1772 年研究二氧化锰时发现氧气的，但他的论文《空气和燃烧》直到 1777 年才发表。

枝的瓶子里，蜡烛刚一伸进去，立即熄灭了。❶

这究竟是怎么回事儿呢？普利斯特利对这个奇怪的现象很感兴趣。于是，他便开始钻研这个问题。

1774年8月1日，是普利斯特利难忘的日子，对于世界化学史来说，也是一个值得纪念的日子。在这一天，普利斯特利在自己的实验记录中，记述了一个重大的发现，现在把他的原文引述在下面：

我在找到了一块凸透镜之后，便非常快乐地去进行我的实验了。

如果把各种不同的东西放在一只充满水银的瓶子里，再把那瓶子倒放在水银槽中，用凸透镜使太阳的热集中到那物体上，我不知道会得到些什么样的结果。在做了许多实验后，我想拿三仙丹❷来做做看。我非常快乐地看到，当我用凸透镜照射之后，三仙丹竟然产生了许多气体。

这是些什么古怪的气体呢？普利斯特利接着写道：

当我获得了比所用的三仙丹的体积大三四倍的气体之后，我便取出了一些气体，倒进一些水，看见这气体并不溶解于水。但是，使我更奇怪的说不出来的是，当我把一支蜡烛放到这种气体中燃烧的时候，蜡烛竟然发出一种非常亮的火焰。这种奇怪的现象，我真是完全不知道该怎样解释才好。

---

❶ 放了薄荷枝的瓶子里的蜡烛之所以能继续燃烧，是由于薄荷枝的叶子进行光合作用，吸收了二氧化碳，放出了氧气。

❷ 三仙丹，即水银的氧化物——氧化汞，是红色的粉末。不过，还有一种黄色的氧化汞，它的化学成分和红色的氧化汞完全一样，它一受热就会变成红色。它们颜色的不同，是由于晶粒大小的不同而造成的。

除了对这种新发现的气体做燃烧实验外，普利斯特利还把两只小老鼠放到充满这种气体的瓶子里，小老鼠在瓶子里却显得挺快活，挺自在！

老鼠既然在这种气体中能舒舒服服地生活，我自己也要亲自来试试看！我用玻璃管从一个大瓶里把这种气体吸进肺中，我竟觉得十分愉快。我的肺部在当时的感觉，好像和平常呼吸空气时没有什么区别，但是，我自从吸进这种气体后，觉得经过好久，身心还是十分轻快舒畅。唉，又有谁知道，这种气体在将来会不会变成时髦的奢侈品呢？不过，现在世界上享受到这种气体的快乐的，只有两只老鼠和我自己！

这种气体究竟是什么呢？

本来，普利斯特利已经知道了这种气体的几个最重要的性质，如果他再仔细地加以分析、研究，是不难揭开谜底的。可惜！普利斯特利和舍勒一样，受燃素学说的影响太深，已经成了一个十分固执的燃素论者，他犹如被戴上了有色眼镜，竟把树上红艳的苹果看成是跟树叶一样的颜色。

普利斯特利从燃素学说观点出发，错误地进行"解释"：他认为燃烧就是燃素从燃烧物中跑出来的过程。加热三仙丹得到的新气体，既然能够帮助蜡烛燃烧得更旺，发出炫目的光芒，那么，这一定是由于这种气体本身没有燃素，这才特别喜欢从会燃烧的物体中去吸取燃素。这样，普利斯特利就断言："这种新气体具有那样的特性，显然是因为它完全没有燃素，因而贪婪地从燃烧物里去吸取燃素。"

因此，普利斯特利把自己新发现的气体，命名为"失燃素的空气"——这也就是现在我们所称的"氧气"。

恩格斯深刻地指出：普利斯特利和舍勒析出了氧气，但不知道他们所析出的是什么，他们为"既有的"燃素说"范畴所束缚"。这种本来可以推翻全部燃素说观点，并使化学发生革命的元素，在他们手中没有能结出果实。[1]恩格斯还指出：从歪曲的、片面的、错误的前提出发，循着错误的、弯曲的、不可靠的途径行进，往往当真理碰到鼻尖上的时候还是没有得到真理。[2]

知识就是力量。可是，错误的"理论"就像一个坏了的指南针，它不仅不能给人力量，相反地还会使人失去综合、分析、判断事物的能力，掉进错误的泥坑。普利斯特利正是因为受了燃素学说的影响，以致铸成大错。不仅如此，他到了晚年，还变得越发固执了。

 ## 揭开燃烧之谜

普利斯特利发现氧气时，正在英国舍尔伯恩伯爵的图书馆里工作。两个月后——1774年10月，他随着舍尔伯恩伯爵到欧洲各国去旅行。

当他们经过法国首都巴黎的时候，普利斯特利应邀拜访了好客的法国著名化学家安托万－洛朗·拉瓦锡。他们在吃饭的时候，普利斯特利谈起自己两个月前的新发现。饭后，他在拉瓦锡的邀请下，把自己的实验表演了一遍。

---

[1] 引自《资本论》第二卷《序言》，人民出版社1975年版，第20页。
[2] 引自《自然辩证法》，人民出版社1971年版，第212页。

拉瓦锡看了这个实验，深受启发。当普利斯特利告辞以后，拉瓦锡回到自己的实验室里，马上动手来做关于三仙丹的分解实验。

拉瓦锡于 1743 年 8 月 26 日诞生在巴黎一个富裕的家庭里。他的父亲是巴黎有名的律师。拉瓦锡靠着阔绰的父亲，20 岁时，便从巴黎的马萨林学院毕业，然后又念完了法律系，取得律师的头衔。

拉瓦锡是一个博学的人，精通好几门学科。从 1769 年开始，拉瓦锡把注意力转移到化学上来。

1774 年，也就是在罗蒙诺索夫校核波义耳的实验 18 年之后，拉瓦锡又重复做了这个实验。他同样发现了：如果把容器密闭起来，加热后容器和金属的总质量没有增加；但是，如果敞着口加热，那么，容器和金属的总质量就会增加。

拉瓦锡很想寻找敞着口加热时，金属质量会增加的原因，但是，一直没有找到。

拉瓦锡重复做了普利斯特利的实验以后，又做了这样的一个实验：他在那个弯颈的玻璃瓶——曲颈甑里，倒进一些水银。然后，再把曲颈甑的一端，通到一个倒置在水银槽中的玻璃罩里。

普利斯特利在实验中，是利用凸透镜聚集太阳光进行加热的。这样加热，一来火力不强，二来只能在中午加热一阵，不能长时间地连续加热，因此，拉瓦锡改用炉子来加热。拉瓦锡把水银加热到将近沸腾，并且一直保持这样的温度，日夜不停地和他的助手轮班，加热了 20 个昼夜！

在加热后的第 2 天，那镜子般发亮的水银液面上，开始漂浮着一些红色的"渣滓"。接着，这些红色的"渣滓"一天多似一天，一直到第 12 天，每天都在增加着。然而，第 12 天以后，红色的"渣滓"就增加得很少了。到了后来，甚至几乎没有增加。

拉瓦锡感到有点诧异。他仔细地观察了一番，发现玻璃罩中原先的大约 50 立方英寸（1 立方英寸约等于 16.38 立方厘米）的空气，这时差不多减少了 7~8 立方英寸，剩下的气体体积为 42~43 立方英寸。换句话说，空气的体积大约减少了六分之一。

剩下来的是些什么气体呢？拉瓦锡把点着的蜡烛放进去，立即熄灭了；把小动物放进去，几分钟内便窒息而死了。显然，在这些气体中，没有或者很少有普利斯特利所谓的"失燃素的空气"。

接着，拉瓦锡小心地把水银面上那些红色的"渣滓"取出来，称了一下，重为 45 克。他把这 45 克红色"渣滓"分解了，产生大量的气体，同时瓶里出现泛着银光的水银——"戏法"又变回来了！

拉瓦锡称了一下所剩的水银，重 41.5 克。他又收集了所产生的气体，共 7~8 立方英寸——恰恰和原先空气所减少的体积一样多！

这又是些什么气体呢？

拉瓦锡把蜡烛放进这些被收集起来的气体中，蜡烛猛烈地燃烧起来，发出白炽炫目的亮光；他在收集气体的容器中投进火红的木炭，木炭猛烈燃烧，以至吐着火焰，亮到眼睛不能久视。很明显，拉瓦锡断定这种气体就是普利斯特利所谓的"失燃素的空气"了，而那红色的"渣滓"便是三仙丹。

尽管拉瓦锡所做的实验，是受普利斯特利的启发而进行的，但是他的可贵之处，在于勇敢地摒弃了燃素学说那种陈腐的观点。拉瓦锡决心用崭新的观点解释这一自然现象。他说：

"我觉得这注定要在物理学和化学上引发一次革命。我感到必须把以前人们所做的一切实验看作只是建议性质的。为了把我们关于空气化合或者空气从物质中释放出来的知识，同其他已取得的知识联系起来，从而形成一种理论，我曾经建议用新的保证措施来重复所有的实验。"

在漫长又仔细的实验中，拉瓦锡终于得出了这样的结论：空气是由两种气体组成的。一种是能够帮助燃烧的，称为"氧气"（也就是普利斯特利所称的"失燃素的空气"）。氧气大约占空气总体积的六分之一至五分之一。另一种是不能帮助燃烧的，他称之为"窒息空气"——"氮气"。氮气大约占空气总体积的五分之四至六分之五。❶

更重要的是，拉瓦锡由此终于揭开了燃烧之谜，找到了真正的谜底：燃烧，并不是像燃素学说所说的那样，是燃素从燃烧物中分离的过程，而是燃烧物质和空气中的氧气相化合的过程。

例如，水银的加热实验便是这样：水银受热时，水银和氧气化合，变成了红色的"渣滓"——氧化汞。由于玻璃罩里的氧气渐渐地都和水银化合了，所以加热到第 12 天以后，氧化汞的量就很少再增加了。然而，当猛烈地加热氧化汞时，它又会分解，放出氧气，而瓶中析出水银。

在 1774—1777 年，拉瓦锡做了许多关于燃烧的实验。像磷、硫、木炭的燃烧，有机物质的燃烧，锡、铅、铁的燃烧，氧化铅、硝酸钾的分解等，而后他提出了燃烧学说：燃烧就是燃烧物和空气中的氧气化合的过程，在这一过程中同时产生光和热。

拉瓦锡终于阐明了燃烧的本质，彻底粉碎了荒谬的燃素学说；新学说就像一把扫帚似的，把这些陈旧的错误学说从化学领域中扫了出去。

恩格斯高度评价了拉瓦锡的功绩，指出——当时在巴黎的普利斯特利立刻把他的发现告诉了拉瓦锡，拉瓦锡就根据这个新事实研究了整个燃素说化学，方才发现：这种新气体是一种新的化学元素；在燃烧的时候，并不是神秘的燃素从燃烧物体中分离出来，而是这种新元素与燃烧

---

❶ 现在精确实验所测得的空气组成，体积分数（不包括水汽和二氧化碳在内）如下：氮气 78.16%，氧气 20.9%，惰性气体 0.94%。

物体化合。这样，他才使过去在燃素说形式上倒立着的全部化学正立过来了。即使不是像拉瓦锡后来硬说的那样，他与其他两人同时和不依赖他们而析出了氧气，然而真正发现氧气的还是他，而不是那两个人，因为他们只是析出了氧气，但甚至不知道自己所析出的是什么。❶ 恩格斯在为《资本论》写的序言中，以化学史上的这个著名的事例为证，来说明"在剩余价值理论方面，马克思与他的前人的关系，正如拉瓦锡与普利斯特利和舍勒的关系一样"❷。

在这里，应该补充说明一下的是，燃素学说尽管就其本质来说，是荒谬的、反科学的，但是，它是化学史上第一个比较统一的理论，在18世纪初叶，对化学的发展仍有一定的贡献——它曾把化学从混乱的状态中拯救出来，使当时凌乱如麻的化学知识系统化了。

这正如我们之前说的那个民间故事一样：年老的农民快要死了，他故意对自己三个懒惰的儿子说，葡萄地里埋着黄金。在他死后，儿子们天天到葡萄地里去挖黄金，虽然黄金没有挖到，但因此翻松了土地，而获得了丰收。燃素学说在化学上也起过类似的作用：人们为了提取那种神秘的要素（它正像那地里并不存在的黄金一样），忙着在实验室里，用各种巧妙的方法进行实验，想提取成功，结果虽然没有提取到什么燃素，但是，倒因此而发现了许多新的元素、化学反应和化学规律。

也正因为这样，恩格斯历史地、辩证地评价了燃素学说的作用：在化学中，燃素说经过百年的实验工作，提供了这样一些材料。借助于这些材料，拉瓦锡才能在普利斯特利制出的氧中发现了幻想的燃素的真实对立物，因而推翻了全部的燃素说。但是燃素说者的实验结果并不因此

---

❶ 引自《资本论》第二卷《序言》，人民出版社1975年版，第20—21页。
❷ 同上，第21页。

而完全被排除。相反地，这些实验结果仍然存在，只是它们的公式被倒过来了，从燃素说的语言翻译成了现今通用的化学的语言，因此它们还保持着自己的有效性。❶1789 年，拉瓦锡出版了他的名著《化学概论》。在《化学概论》中，拉瓦锡讲述了自己的实验，清楚地、令人信服地说明了燃烧的本质，批判了燃素学说。

拉瓦锡把自己的燃烧理论，归纳成这样四点：

燃烧时放出光和热。

物质只在氧气中燃烧。❷

氧气在燃烧时被消耗；燃烧物在燃烧后所增加的质量，等于所消耗的氧气的质量。

燃烧后，燃烧物往往变成酸性氧化物，而金属则变成残渣。

在这本名著中，拉瓦锡以大量的实验为依据，用更精确的科学语言，阐述了物质不灭定律。拉瓦锡写道："物质虽然能够变化，但是不能消失或凭空产生。"拉瓦锡还用数学的形式，严格地表达了物质不灭定律，他说：

如果我把硫酸和一种盐一起加热，而得到硝酸和硫酸钾，那么，我完全可以确信这所用的盐是硝石❸。因为根据物质不灭定律，我可以把这场化学反应写成下列的方程式：

设 x 为生成那种盐的酸；y 为生成那种盐的碱。那么

$$(x+y) + 硫酸 = 硝酸 + 硫酸钾$$

$$= 硝酸 + (硫酸 + 钾的碱)$$

---

❶ 引自《自然辩证法》，人民出版社 1971 年版，第 33 页。

❷ 这一点，一般来说是正确的，但也有例外。例如，氢气能够在氯气中燃烧，生成氯化氢，这时并没有氧气参加化学反应。

❸ 即硝酸钾。

所以 $x=$ 硝酸，$y=$ 钾的碱。

这样，那种盐就必定是硝石（硝酸钾）了。

在化学上，拉瓦锡是第一个根据物质不灭定律，用化学方程式来表示化学反应的人，成为化学方程式的首创者。

新生事物在一开始，常常会遭到旧势力的非难。尽管在当时，拉瓦锡已经十分明白地揭示了燃烧的秘密，但是，仍然有一些化学家还不相信拉瓦锡的实验，固执地抱住燃素学说不放，连著名的普利斯特利在临死时还坚持燃素学说，罗维兹在 1786 年还企图用实验证明燃素的存在。但"一时强弱在于力，千秋胜负在于理"，真理不怕时间的考验。当时拉瓦锡的学说虽然未被普遍承认，燃素学说仍占上风，可是到了 18 世纪末，拉瓦锡的学说终于被化学界普遍承认，燃素学说终于被推翻了。

 # 定组成定律

自从发现了物质不灭定律，并在化学实验中使用天平以后，化学家们在研究工作中都开始重视物质的质量，定量地进行研究。既然在化学反应中，参加反应的物质的总质量等于反应后生成物的总质量，那么，在反应物质和生成物质之间，是不是存在着一定的化合比例关系呢？这还是一个谜。

18 世纪末的一天，法国化学家普鲁斯特的老仆人，一大清早便开始在实验室里忙碌着扫地、整理仪器和书籍、洗刷瓶子。

门铃响了，邮递员送来了一只木箱子。

老仆人过去一看，喃喃自语道："又是水……这已经是第 14 次收到装着水的木箱了。昨天刚刚收到来自日内瓦湖的水。"普鲁斯特为什么要从世界各个角落，收集各式各样的水呢？

难道他要开办一个水的"博物馆"？

这倒真是件怪事！

原来，普鲁斯特在探索这样一个秘密："十个指头有长短，荷花出水有高低"，那么，世界上不同地方的水，它们的组成是不是一样的？

实验结果非常有趣：不管是北方的海水，还是南方的海水；不管是欧洲的水，还是非洲的水；不管是河水、湖水，还是井水、泉水；也不管是热水，还是冷水；总之，不管水来自哪里，除去这些水中所含的少量杂质后，所得的纯水的组成，一律都是含氧 88.9% 和含氢 11.1%（指质量分数）——没有一个例外。❶

普鲁斯特面对着桌子上排成排的瓶子，翻阅着几个月来辛辛苦苦工作所得的分析结果，终于从大量的实验数据中，斩钉截铁般地得出了这样的结论：水，是具有固定的组成的。

自然，这里说的仅仅是水，那么，其他的种种化合物是不是也像水一样具有固定的组成呢？结论还必须从严谨的实验中去探求。

1799 年，普鲁斯特又拿了一种绿色的铜化合物——碱式碳酸铜〔化学式为 $CuCO_3 \cdot Cu(OH)_2$〕进行化验。碱式碳酸铜这个名字听来似乎很陌生，其实，铜锅上的铜绿里就含有它，漂亮翠绿的孔雀石的主要成分也是它。

普鲁斯特首先化验了各种天然的碱式碳酸铜。在他的实验记录本上，

---

❶ 自然，这里不包括重水。

有着这样一排排同样的数据——

第一种化验结果：

含氧化铜 69.4%，二氧化碳 25%，水 5.6%。（指质量分数，下同。该数据和现在的数据有偏差。）

第二种化验结果：

含氧化铜 69.4%，二氧化碳 25%，水 5.6%。

第三种化验结果：

含氧化铜 69.4%，二氧化碳 25%，水 5.6%。

…………

天然碱式碳酸铜的化验结果是如此，人造的怎么样呢？接着，普鲁斯特又把天然的孔雀石溶解在硝酸中，再加入碳酸钾，重新得到绿色的沉淀物——人造的碱式碳酸铜沉淀。

他化验了人造的碱式碳酸铜，结果依然是：含氧化铜 69.4%，二氧化碳 25%，水 5.6%。

又是完全吻合！

普鲁斯特对待科学研究工作，既严肃，又缜密。他虽然做了不少碱式碳酸铜的分析工作，但是，他还是觉得做得不够多。为了进一步获得更丰富的资料，他写了许多信，给各国的科学院和朋友们，请求他们从世界各地寄来各种矿石。

普鲁斯特接着分析了来自西班牙和日本的两种矿砂——硫化汞，测得的结果都是含 86.2% 的汞和 13.8% 的硫（该数据和现在的数据几乎无偏差）。他化验了来自秘鲁和俄国西伯利亚的两种氯化银，测得的结果也都是含 75.3% 的银和 24.7% 的氯。他又分析了来自世界各地的海盐、湖盐、岩盐，测得的结果都是含 39.3% 的钠和 60.7% 的氯。

普鲁斯特前后花了七年的工夫，认真地做了上千次的化学分析实验，他从大量的事实中，终于得出了这样的结论：任何纯净的化合物都具有固定的组成——不管这种化合物是从什么地方得到的，也不管这化合物是用什么方法制取的。在化学上，这就是著名的"定组成定律"，又叫"定比定律"。

科学的发展总是曲折的。真理，常常是在争论中才得到进一步的考验和证实。1799年，普鲁斯特发表了定组成定律后，马上受到法国科学家贝索勒的激烈反对。

贝索勒是拉瓦锡的学生。1799年，贝索勒在埃及发表了自己的《化学亲和力定律》一文，这个定律，恰恰和普鲁斯特的定组成定律相反。

贝索勒在《化学亲和力定律》这篇论文中写道："一个化合物是没有固定的组成的。每一种物质可以按照随便什么比数同另一种物质化合。"

贝索勒和普鲁斯特一样，也是一个严谨的科学家。贝索勒并不是没有根据、凭空臆测地反对定组成定律，他也进行了许多实验，对铁的氧化物进行了定量分析，所测得的结果是：铁和氧可以按各种不同的比例化合。

因此，这两位科学家便各说各有理，在法国的《物理》杂志上，你一篇论文我一篇论文地争论开了。从1799年，一直争论到1808年，前后达9年之久。

争论并不是坏事。有不同的意见，就应该争论，只要双方都抱着去伪存真、追求真理的态度，那么，通过争论，就一定能够求得真理，达到统一。普鲁斯特十分虚心地阅读了贝索勒的论文，反复考虑，觉得他所讲的也很有道理。

为了弄清事实，普鲁斯特很仔细地开始进行铁的氧化物的分析工作。分析的结果表明：的确，在不同的铁矿中，铁和氧的比数常常不一样——贝索勒并没有错！然而，普鲁斯特不光是重复做了贝索勒做过的实验，他还进一步做了许多新的实验，最后终于发现：原来，由铁和氧组成的化合物有好几种，而天然的铁矿，常常是这好几种铁的氧化物的混合物。普鲁斯特确定，由铁和氧组成的化合物有三四种，其中最常见的是三氧化二铁（即氧化铁 Fe_2O_3），含氧 30%、含铁 70%，而另一种是氧化铁（即氧化亚铁 FeO），含氧 22%、含铁 78%。在天然的铁矿中，这两种铁的氧化物都有，而且是以不同的比例相混合的。显然，在这样的混合物中，铁和氧的比数就会是多种多样的，就像九曲黄河里的水一样，水流急的地方泥沙就多，水流缓的地方泥沙就少，泥水是个混合物，其中水和泥的比数各不相同。但是，纯净的水和纯净的沙（二氧化硅），它们的成分各自都是固定不变的。也就是说，定组成定律只是针对纯净的化合物而言，而不适用于各种混合物。

"灯不拨不亮，理不辩不明。"通过争论，普鲁斯特终于胜利了，他的定组成定律不仅没有被驳倒，反而在争论中得到了进一步的丰富，因为他从铁的氧化物的分析中，发现两种元素以不同的（然而是固定的）比数能生成两种或两种以上不相同的化合物。

在争论中，贝索勒虽然输了，但他仍然非常高兴，他为找到了真理而高兴，而且承认普鲁斯特的定组成定律是完全正确的。

定组成定律，其实从拉瓦锡所做的实验中早就可以看出来：因为水银在加热到第 12 天以后，空气中的氧气差不多都和水银生成了氧化汞，这时，虽然水银还剩下很多，但是氧化汞的量却很少增加——这说明水银和氧是以一定的比数化合的，不然，氧化汞的量为什么就不再增加了呢？只不过拉瓦锡把注意力全集中到研究燃烧的本质上去了，而没有留意这一点。

因此，直到 20 多年后，方由普鲁斯特发现了这一定律。

定组成定律是物质不灭定律的一个新的发展，它说明了：在进行化学反应时，不仅反应后物质的总质量等于反应前物质的总质量，而且在反应中各种物质是按一定的比数进行化合的，因此任何纯净的化合物都有固定的组成。

 倍比定律

普鲁斯特和贝索勒的争论，说明了这样的一个事实：两种元素能够以不同的比数化合，生成不同的化合物。然而，这也就产生了一个新的问题：这两种元素能不能以任意的比数，生成许多种化合物呢？在各种不同的化合物之间，是不是又存在着一定的关系呢？

答案是：两种元素只能生成有限的几种不同的化合物，并不能以任意的比数生成许多种化合物。而且，在各种不同的化合物之间，存在着一定的比数关系。

这一规律，是英国化学家约翰·道尔顿在 1803 年发现的。

当时，道尔顿埋头于气体成分的研究工作中，研究了许许多多气体相互化合所生成的化合物。在工作中，他发现两种元素可以生成两种或两种以上的不同的化合物。他仔细地把这些不同的化合物加以对比，找出了一条崭新的规律：元素化合的比数，常常可以约成简单的整数比。

以氮气和氧气为例。它俩互相化合，可以生成五种不同的氮氧化合物。如果以氮的质量为 1 作标准，可以得到下面的结果：

名称	N（氮）	:	O（氧）
一氧化二氮（N_2O）	1	:	0.571
一氧化氮（NO）	1	:	1.142
三氧化二氮（N_2O_3）	1	:	1.713
二氧化氮（NO_2）	1	:	2.284
五氧化二氮（N_2O_5）	1	:	2.855

如果你拿出一张纸来，把 0.571、1.142、1.713、2.284、2.855 都用 0.571 除一下的话，可以看出，这 5 种化合物中氧的含量之比恰巧是 1：2：3：4：5。

再以铅和氧的化合物为例。如果用 1 克铅，在空气中加热到 500℃，那么，铅和氧会化合生成红色的四氧化三铅（俗名"红丹"，Pb_3O_4，1.1029 克）；如果把 1 克铅，在空气中加热到 750℃，那么，铅会和氧化合生成黄色的一氧化铅（俗名"黄丹"，PbO，1.0772 克）。

在这里，所用的铅都是 1 克。而这两种化合物中所含的氧的质量是 0.1029 克和 0.0772 克。

它们之间的比数是 0.1029：0.0772＝4：3（因为 0.1029＝0.02573×4，0.0772＝0.02573×3），恰好又成简单的整数比！

这样，道尔顿得出了一个规律，用现代的说法，那就是：如果甲、乙两种元素能够化合成几种化合物，那么，在这几种化合物中，跟一定量甲元素相化合的乙元素的几个量，一定互成简单的整数比。这个定律，便是著名的"倍比定律"。

道尔顿是在 1803 年发现倍比定律的，但是，当时他并没有把这一定律公开发表。1804 年，道尔顿在同英国化学家托马斯·汤姆生的一次会晤中，谈起了自己的发现，汤姆生听了，非常高兴。1808 年，汤姆生在自己的《化学系统》这本书的第三版中，把道尔顿的发现写了进去。这样，倍比定律才第一次公布于世。

道尔顿是一个慎重、严谨的科学家，他在当时不愿意马上公开发表自己的定律，也是有原因的——他感到自己有关的实验做得不多。特别是在当时，普鲁斯特做了许多实验，这些实验的结果并不符合倍比定律。

那时候，普鲁斯特曾分析了氧和铜的两种不同的化合物——氧化铜和氧化亚铜，得到这样的结果：

氧化亚铜（红色，Cu_2O）中，铜：氧 =100：16（质量比，下同）；

氧化铜（黑色，CuO）中，铜：氧 =100：25。

这里，氧在两种化合物中的质量比是 16：25，不是简单的整数比，好像倍比定律对于铜和氧的化合物并不适用。

正因为这样，道尔顿不愿意在问题还没有彻底弄清楚之前，就冒冒失失、轻率地发表自己的论文。也正因为这样，道尔顿在遇见汤姆生时，便向他讲述了自己的发现，并谦虚地向他请教。

在 1811—1812 年，瑞典分析化学家，以分析数据精确著称的永斯·雅各布·贝采利乌斯，重新仔仔细细地重复做着普鲁斯特的工作——凡是普鲁斯特做过的实验他都一一重新做过。经过核对，他发现普鲁斯特对氧化铜的成分的测定是错误的。

贝采利乌斯重做了实验，得到这样结果：

红色氧化铜中，铜：氧 =100：12.6（质量比，下同）；

黑色氧化铜中，铜：氧 =100：25.2。

这里，两种化合物中氧的质量比是 12.6：25.2，即 1：2，恰好成简单的整数比——完全符合倍比定律。普鲁斯特也正因为实验结果不准确，因此没能发现倍比定律。

倍比定律，虽然是道尔顿首先发现的，但是，也和汤姆生、贝采利乌斯的努力分不开。倍比定律，又是物质不灭定律的一个新的发展。

化学"语言"的创造

 ## 培养人才的摇篮

瑞典首都斯德哥尔摩的冬天，是寒冷的。

1823 年的冬天，一位身材修长的德国青年，沿着基尔柯街往前走。他的头发很长，络腮胡子却刮得干干净净。他手里提着行李。当他走到基尔柯街和哈坦街交叉路口时，步子慢了下来。他来到街角的一座房子前，犹豫了一下才伸手去按门铃。

他，就是弗里德里希·维勒，当时才 23 岁，特地从德国赶来求师。那座房子的主人——永斯·雅各布·贝采利乌斯，使维勒感到春风般的温暖。见面时的情景，给维勒留下了不可磨灭的印象。后来，他在《一个化学家的青年时代的回忆》一文中，这样写道：

我站在贝采利乌斯门前按铃，心不住地怦怦直跳。来开门的人衣服整洁，仪表堂堂。望之俨然，原来是贝采利乌斯本人。

他用亲切的方式欢迎我，说已经盼望我许久了，又谈我路上的事情，自然都用德语。他熟悉德语，像熟悉法语、英语一样。

当他引我到他的实验室里时，我好像在梦中，甚至对于我怎么能来到我所希望的如此著名的实验室里，都不免疑惑起来……

贝采利乌斯，44 岁，中等个子，已经有点儿发福了。他那长圆形的脸上，总是挂着笑容，双眼明亮、清澈，给人一种亲切、随和的感觉。

在当时，贝采利乌斯是斯德哥尔摩医学院化学和药物学教授，瑞典科学院院士兼常任秘书。他名震欧洲，是人们公认的化学界权威。

维勒早就钦慕这位瑞典化学大师。贝采利乌斯曾说过这样的话："科学是巨大的海洋。要想在这个海洋上航行，必须成为老练的舵手，必须有指路的明灯。"

在维勒的心目中，贝采利乌斯就是"指路的明灯"。在 1823 年初夏，维勒给贝采利乌斯写了这样的一封信：

我尊敬的导师，东方的文明古国——中国有句名言，"源远而流长"。在我们这个时代，得不到瑞典著名化学大师贝采利乌斯教授的指教，将是终生的遗憾。

贝采利乌斯呢？他很早就注意到这个年轻人的名字。他记得，两年前，维勒曾发表过一篇化学论文——生平第一篇化学论文。文章虽然不长，但是颇有见解。贝采利乌斯曾在他主编的《物理学和化学年鉴》上，著文赞赏了维勒的论文。如今，收到这位富有才华的年轻人的来信，他当然很高兴。8 月 1 日，贝采利乌斯亲笔复信给维勒：

到我这儿来，实在没有多少东西可学……你什么时候愿意来，都欢迎！

9月2日，维勒在德国的马尔堡大学毕业了，获得外科医学博士学位。他回到家乡法兰克福做了些准备之后，便决心北渡波罗的海，前往斯德哥尔摩求师。

贝采利乌斯带领维勒参观实验室。维勒发觉，贝采利乌斯的实验室里空气新鲜，没有其他化学实验室里常有的怪味儿。各种玻璃仪器闪闪发亮，很有秩序地放在那里。实验桌上一尘不染。实验室旁边，是贝采利乌斯的工作室，纸、笔、手稿放得整整齐齐，窗明几净。贝采利乌斯还有一间书库，上千册藏书经严格分类，放在架上。贝采利乌斯从书库中取一册他所需要的书，犹如探囊取物。

维勒惊讶地发现，这位鼎鼎大名的化学家居然还没有结婚！他爱的是化学，他的心中唯有化学。

贝采利乌斯的实验室不大，他把一张实验桌和一些药品、仪器分给维勒。于是，他俩就在一起工作，朝夕相处。

维勒发觉，贝采利乌斯有着偏头痛的毛病，一发作起来，便痛苦不堪。贝采利乌斯告诉维勒，去年，由于偏头痛发作，他不得不离开了心爱的实验室，到卡尔斯巴德去疗养。在那里，他很高兴地结识了德国的大诗人歌德。嘿嘿，歌德居然也对化学产生了兴趣。离别后，歌德常常来信，还寄来一些矿石，希望他帮助分析这些矿石的化学成分。

尽管贝采利乌斯的身体不大好，不过，在维勒的印象中，他仿佛是一个不知疲倦的人。他每天差不多都要工作14个小时。他没有休息日，不是在工作室里写作，便是在实验室里工作。尽管大量的仪器、书籍使工作室里显得有点拥挤，但是工作室与实验室之间的过道却是畅通无阻的，便于他来回奔忙。人们曾用这样的话来形容贝采利乌斯：贝采利乌斯实验室里的沙盘，冷的时候很少；他书房里的笔，干的时候很少。维勒觉得，这话一点儿也不夸张。

贝采利乌斯长期做实验，总是把烧杯、烧瓶之类的设备放在沙盘上，用火慢慢加热，所以沙盘冷的时候很少。

贝采利乌斯不光是忙于写论文，而且还忙于写信。他为人热情，交友甚广，每天都能收到来自四面八方的信。许多青年科学家无法来到斯德哥尔摩，便写信向他请教。他的复信，从某种意义上说，也是一篇篇科学论文。正因为这样，他书房里的笔，干的时候很少。

贝采利乌斯虽然平易近人，和蔼可亲，然而，一旦工作起来，却非常严肃。

维勒做实验时，常常很快，可是比较粗心。贝采利乌斯见了，总是很耐心地对他说："博士，快是快，但是不好！"

还有一次，已到深更半夜，贝采利乌斯走进实验室，看到维勒还在那里做实验。他问道："分析沸石❶的工作进展如何？"

维勒很轻松地答复道："教授，很顺利，按照您的指示，这些沉淀再洗两三次，就可以得到纯净的氧化物了。"

贝采利乌斯一听，眉头紧蹙，摇头道："两三次？不，我从来没说过只洗两三次。你应当不断地洗，一直洗到没有酸为止！"

贝采利乌斯背剪着双手，在实验室里来回踱着。他思索了一阵，然后来到维勒面前，语重心长地对维勒说：

"你知道吗？我们瑞典有一个盛产珍珠的海湾。珍珠虽然漂亮，但它总是藏在贝壳里的！在科学上，没有十足的细心和耐心，是无法找到那些藏在贝壳里的珍珠的！"

维勒用完化学药品，总是随手放在桌子上。贝采利乌斯不知道劝告

---

❶ 沸石，又称泡沸石，是一种含水的钙、钠以及钡、钾的铝硅酸盐矿石。现在，已能人工合成沸石，用作"分子筛"，用于净化或过滤物质。

过多少次:"博士,请记住,什么地方拿的药品,放回什么地方。在我的实验室里,每一件东西都有它固定的位置。科学研究,必须有条不紊地进行。养成良好的工作习惯,将会帮助你随时随刻拿到你所需要的东西,节省你的时间。"

维勒在贝采利乌斯身边工作了一年。严师出高徒。从此,这位医学院毕业的博士,走上了化学研究的道路。他常常说:"在贝采利乌斯教授身边度过的一年,能使我受用一辈子。"

其实,不论在维勒之前,还是在维勒之后,贝采利乌斯实验室里的那张实验桌都没有空着。贝采利乌斯很重视培养青年,一旦发现那些有培养前途的年轻人,总是热忱地一个接一个地把他们请来,在实验室里共同工作。他的实验室,成了培养人才的摇篮!

除了维勒,贝采利乌斯还培养了一大批青年化学家,其中有锂的发现者、瑞典化学家约翰·奥古斯特·阿尔费德森,热化学的创始人、俄罗斯化学家格尔曼·亨利·盖斯,钒的发现者、瑞典化学家塞夫斯特姆,著名分析化学家、德国的罗兹兄弟(即亨利和古斯塔夫),镧、铽、铒三元素的发现者、瑞典化学家卡尔·古斯塔夫·莫桑德,"类质同晶现象"的发现者、德国化学家米切利希……伯乐,不光是中国才有。贝采利乌斯不就是一个非常善于发现人才而又热心培养人才的"伯乐"吗?

 ## 追随林耐的足迹

人们称颂贝采利乌斯是"19世纪上半叶最伟大的化学家"之一,这样的评价并不过分。贝采利乌斯是怎样成为一代科学巨匠的呢?

贝采利乌斯走过了坎坷曲折的成才之路。他那样珍惜青年人才，正是因为他有过深切的体会……

1779 年 8 月 20 日，贝采利乌斯诞生在瑞典林可平附近的名叫威非松达的小村庄里。他的父亲沙穆伊尔是农村小学的校长，不过，父亲几乎没有在贝采利乌斯的脑海中留下什么印象。因为在贝采利乌斯 4 岁的时候，父亲就离开了人间。

母亲带着两个孩子——贝采利乌斯和他的妹妹，没办法生活下去。2 年之后，母亲改嫁，继父是一位德国的牧师，他有 5 个孩子。于是，他们组成了一个有 7 个孩子的新家庭！

不幸接着不幸。母亲改嫁 2 年后就去世了。那时候，贝采利乌斯才 8 岁！

不幸中之万幸，继父克马克对贝采利乌斯还算不错。尽管在贝采利乌斯的母亲去世之后，继父又娶过两任妻子，但是他仍非常疼爱天资聪颖的贝采利乌斯。他并不富裕，孩子又多，却千方百计借钱，让贝采利乌斯上学。

继父常常用手抚摸着贝采利乌斯的后脑勺，说道："孩子，你有足够的天赋去追随卡尔·林耐的足迹。"

"卡尔·林耐？林耐是谁？"

"连卡尔·林耐都不知道？他是瑞典的骄傲——名震欧洲的瑞典生物学家。"

"一位大科学家！"

"对。你长大了，也要做像卡尔·林耐那样的大科学家。"

继父的话，轻轻地拨动了贝采利乌斯的心弦。

"要做像卡尔·林耐那样的大科学家。"理想的种子，在贝采利乌斯的心中萌发。

贝采利乌斯还记得，在他 10 岁的时候，继父带着他到深山中打猎。继父一扣扳机，"砰"的一声，小小的子弹便击倒了凶猛的野兽。

贝采利乌斯不明白：子弹哪来那么大的力量？

"那是化学的力量。"继父含糊其词地答复道。

"什么是化学？"

"化学，就是炼金术。"

"什么是炼金术？"

"它能把普通的金属变成黄金。"

"能把普通的金属变成黄金？"贝采利乌斯睁大眼睛。

继父是牧师，肚子里有点儿学问。他跟儿子说起了炼金术士们的奇迹："那些炼金术士们，有着许许多多奇特的药品、奇特的仪器、奇特的实验方法。不过，他们的技术是严格保密的。如果谁都知道怎样把普通金属变成黄金，那黄金也就变得跟普通金属一样不值钱了。正因为这样，炼金术士们用一种奇特的文字记录他们的实验，别人看不懂。据说，三角形表示火，菱形表示肥皂……"

"哦，炼金术——化学，是这么神秘！"贝采利乌斯用迷惘的目光注视着继父。

贝采利乌斯 14 岁的时候，考上了林可平中学❶。大抵是常常随继父打猎的缘故，贝采利乌斯很喜欢小动物，他在课余时间热心于采集鸟、昆虫和植物的标本。

才念了一年中学，因为家里经济困难，没办法，贝采利乌斯只得休学，去当家庭教师，积攒了一点钱，第二年又回到中学。这时候，中学里来了一个新的生物学教师。他刚从大西洋的西印度群岛考察归来。他

---

❶ 相当于现在的高中。

绘声绘色地讲述起传奇般的见闻，贝采利乌斯听后更加热爱自然，更加用功地钻研生物学。

在贝采利乌斯 17 岁的时候，他兴高采烈地跑回家，把中学毕业文凭交给了继父。

继父终于盼到儿子中学毕业，脸上浮现出笑容。然而，当他看到文凭上的评语时，笑容顿时消失了。

评语写道：贝采利乌斯是个"天赋良好但脾气不好、志向可疑的年轻人"。

唉，这样的年轻人，怎能"追随林耐的足迹"？

继父希望贝采利乌斯继承他的事业，也去当牧师。继父说，他的父亲、祖父都是牧师。如果贝采利乌斯也成为牧师，那将是第四代牧师。

"志向可疑的年轻人"不住地摇头，摇得像拨浪鼓似的。

"你想干什么呢？"

"考医学院，当医生！"

 ## 从后门到前门

由于喜欢生物学，贝采利乌斯报考了医学院。

1796 年 9 月，贝采利乌斯告别了继父，告别了故乡，来到乌普萨拉城。他考上了乌普萨拉大学医科。这时，他 17 岁。不久，他同母异父的弟弟也考上了这所大学。

两个儿子念大学，这对于收入不多的继父来说，无疑是个十分沉重的负担。

贝采利乌斯很爱他的继父。尽管他的亲生父母很早就离开了人世，可是继父却把他看成亲骨肉一样，尽心尽力地培养他。贝采利乌斯给继父写信，请继父不必寄钱来，因为他一边学习，一边兼职做家庭教师，收入虽然微薄，但是可以维持生活。

贝采利乌斯艰难地在人生的道路上前进。每跨出一步，都要经过一番拼搏。

贝采利乌斯既当老师，又当学生。他常常把家庭教师的课程准备好，便开始做大学的作业。他还刻苦地学习英语、德语和法语。

外语，是通向另一个世界的桥梁。每当他学会了一种外语，能够用这种语言阅读外国文献时，他仿佛添翅加翼，在科学王国中可以更加自由地翱翔。他养成了不倦地工作的习惯。深夜，当他的同学们早已进入梦乡的时候，他仍在苦学。他熬红了双眼，用加倍的努力，赢得时间；他靠加倍的毅力，超越他的同时代人。由于他的勤奋，在 1798 年，他获得了大学的奖学金。

贝采利乌斯专心致志地学习医学。他的医学成绩不错，物理学成绩在班上也名列前茅，可是，他对那个令人迷惘的"炼金术"——化学，兴趣不大，考试不及格。

化学教授阿弗采里乌斯警告贝采利乌斯："你再这样下去，可不行！要知道，如果医学是一只鸟的话，生物学是它的躯干，化学和物理学是它的双翅。不懂化学，你会从空中摔下来的。你永远不可能成为一位优秀的医生。任何药物都离不了化学！"

贝采利乌斯接受了教授的忠告，开始钻研化学。他找来许多化学书籍攻读，但越读越糊涂。这是为什么呢？

当时的化学，刚刚从炼金术士们那秘密的文字中解放出来，理论上处于一片混乱之中。两军对垒，各执一词。

以德国化学家斯塔尔为首的一派，主张"燃素学说"。他们认为，物质能够燃烧，是因为含有燃素，而那些不会燃烧的物质，则不含有燃素。至于燃素是什么样的，则无可奉告。当时的化学界，"燃素学说"占统治地位。瑞典著名化学家舍勒和贝格曼、英国著名化学家普利斯特利、德国化学家马格拉夫、法国化学家卢爱勒，都是"燃素学说"最热烈的拥护者。

反对派以法国化学家安托万－洛朗·拉瓦锡为首。他反对"燃素学说"，认为那个神秘而不可知的"燃素"，根本不存在。他主张"氧化学说"，认为物质的燃烧，实际上是物质与空气中的氧气相化合的过程。

两军开战，把化学界闹得天翻地覆。

贝采利乌斯很仔细地阅读了德国一名化学家的《反燃素化学基础原理》。他很赞同这本书的观点。于是，他成了"反燃素派"中的一员。

在贝采利乌斯 20 岁的时候，这位"志向可疑的年轻人"的兴趣，从医学转向化学。他很想参加化学论战，用实验打败"燃素学说"。

那时候，学校规定学生每星期只上三次化学实验课，可是，贝采利乌斯却三天两头往化学实验室里跑。

阿弗采里乌斯教授见了，耸了耸肩膀，冷冷地对他说："你知道实验室和厨房的区别吗？"

被教授批评后，贝采利乌斯并没有气馁，他想到了一个好办法。他买通了工友，每天晚上，当教授不在实验室里的时候，他便悄悄从后门溜进去，做起实验来。

化学实验室窗口透出的灯光，引起了阿弗采里乌斯教授的注意。他一声不响地从后门踱了进去，在暗处仔细观察贝采利乌斯的一举一动。出乎他的意料，这位本来化学考试不及格的学生，却在那里十分内行地做实验呢！

不知道怎么回事，阿弗采里乌斯觉得喉咙痒痒的，不由得干咳了一声。

这一声惊动了贝采利乌斯。他转过身子，发觉教授正站在自己后面。贝采利乌斯脸上露出惶恐的神色。他的脑海里闪过这样的念头：坏了，这下子准会被学校开除。

谁知阿弗采里乌斯教授并没有责怪他，反而说道："从现在起，你可以从前门进实验室了。我同意你进实验室来。"

贝采利乌斯转悲为乐，开心地笑了。

从此，贝采利乌斯天天从前门走进化学实验室。在那里，他如痴如醉般探索着燃烧之谜。贝采利乌斯在自传中，曾回忆当时的情景：

有一次，我忙着制备硝酸时，发现放出了一种气体。为了弄清这是什么气体，我把它收集在大玻璃瓶里，我认为它是氧气。当我把一根刚刚点着的小木条放进这种气体里时，木条立刻猛烈燃烧起来，发出耀目的光芒，照亮了黑暗的实验室。这时，我感到了一种从未有过的喜悦。

贝采利乌斯在另一次实验中，烧瓶不慎爆炸了，炸伤了他的眼睛。一个多月以后，他的眼睛才重新见到光明。有人劝他：化学太危险，到此为止吧！可是，贝采利乌斯的双脚，坚定地朝化学实验室走去。

也有人担心贝采利乌斯的实验太危险，说不定哪一天"城门失火，殃及池鱼"，万一炸伤了别人，那可不是说着玩儿的。

贝采利乌斯便租了一间小储藏室，独自在那斗室中进行实验。他说："要炸的话，就炸我一个人！"

万事开头难

人们常说："万事开头难。"

是的，一个人在事业上打响胜利的第一炮，并不容易：英国著名作家柯南·道尔所写的第一篇小说，出版商以"按短篇来要求它太长，按长篇来要求它太短"为理由，退稿了；法国著名作家儒勒·凡尔纳的第一部作品，被15家出版商退稿，最后才由第16家出版商出版……

贝采利乌斯21岁的时候，详细研究了瑞典一种矿泉水的成分，写成了生平第一篇化学论文。他打算用这篇论文获得学位。可是，论文到了阿弗采里乌斯教授手中，便被否定了。阿弗采里乌斯教授不相信贝采利乌斯能够胜任这样的研究工作。

贝采利乌斯又着手研究另一个化学课题——硝酸对乙醇的作用和氨气的性质。写好论文之后，阿弗采里乌斯教授总算点头通过了，同意把论文转呈瑞典科学院。

这个年轻人的论文送交瑞典科学院之后，犹如石沉大海，没有任何消息。

左等右盼，直到三年之后，贝采利乌斯才收到瑞典科学院退回的论文，附了一份只有两行字的公文。

天哪，这是等了三年才得到的"批复"！那些院士顽固地维护燃素学说，将持新见解的年轻人视作洪水猛兽。正因为这样，贝采利乌斯那闪耀着真知灼见光芒的论文，被压制、被退稿。

第一篇论文夭折了；第二篇论文泡汤了。贝采利乌斯并没有灰心，他又在寻找新的研究课题。

大抵是由于年轻人对新事物最为敏感的缘故，1800 年，意大利物理学家亚历山德罗·伏特刚发明"伏打电池"，贝采利乌斯就对它产生了兴趣。贝采利乌斯利用"伏打电池"产生的电流，来治疗风湿症，居然治好了一个手臂患风湿症的病人。贝采利乌斯利用这一点进行研究，写出了论文。

1802 年 5 月，贝采利乌斯进行论文答辩。这篇论文总算通过了，作为他的博士学位论文，题目为《电流对动物机体的影响》。

贝采利乌斯毕业了，被瑞典皇家医学会任命为斯德哥尔摩医学院的药物学讲师。

1803 年，贝采利乌斯和瑞典化学家希辛革一起，发现了新的化学元素——铈。这位 24 岁的年轻人的名字，第一次引起了世界化学界的注意。铈的发现，让贝采利乌斯在科学征途上结束了"开头难"的局面。医学博士学位，拖了两年，终于在 1804 年批下来了。从此，人们称他为"贝采利乌斯博士"。

贝采利乌斯不断进击，在化学上打了一个又一个漂亮仗。于是，荣誉与头衔纷至沓来：

1807 年，贝采利乌斯被提拔为化学和医药学教授。

1808 年，贝采利乌斯被选为瑞典科学院院士。

1818 年，贝采利乌斯被任命为瑞典科学院常任秘书，他担任这个职务直至去世。

1822 年起，贝采利乌斯主编重要的国际学术刊物《物理学和化学年鉴》。

当贝采利乌斯成为欧洲化学界的权威之后，各国授予的奖章、荣誉称号、头衔，更是不胜枚举。

然而，贝采利乌斯并没有忘记他的第一篇、第二篇论文的遭遇。他懂得，科学的希望在于年轻一代。正因为这样，他不断地向那些处于"开头难"的青年化学家伸出热情的手。

像福尔摩斯一样细致严谨

这简直是魔术表演：贝采利乌斯小心翼翼地把一个瓶子里的溶液，一滴不剩地倒进另一个瓶子里，桌子上干干净净，没有洒出半滴溶液！

贝采利乌斯不仅自己有这么一套"硬功夫"，而且要求他的学生也学会这么一套"硬功夫"。

他认为，准确，是科学的生命。洒出半滴，哪怕是半滴的十分之一、百分之一、千分之一，都是不被允许的，都会影响实验的精确度。

贝采利乌斯在他的著作中，曾一再叮咛道：

稍懂化学的人必须在定量分析方面多做练习，而且一定要懂得：不深刻了解定量分析的知识，就不能成为有从事任何科学研究能力的人。必须养成尽可能精确地称量的习惯；必须善于一滴不洒地从一个容器里把溶液倒进另一个容器，做到即使最后一滴也不能让它流失；必须注意一切细枝末节，忽略了它们，常常会使一连几个星期辛辛苦苦的工作付诸东流。

正因为这样，贝采利乌斯一向以实验数据精准而著称。人们总是这么说："这个数据是贝采利乌斯测定的，不会错！"

这话不假。

　　贝采利乌斯对化学的一大贡献，便在于他曾花费几十年时间，精确地测定了 2000 多种化合物的百分比组成，测定了 45 种化学元素的原子量。他的这些工作，为俄罗斯化学家门捷列夫在 1869 年发现化学元素周期律铺平了道路。

　　在科学上，贝采利乌斯像福尔摩斯那样细致严谨。那时候，生产硫酸采用"铅室法"。在进行化学反应的铅室里，常常积存一些红色的沉淀。人们把这些红色沉淀当作废物扔掉了。然而，贝采利乌斯却从这些废物中，发现了新的化学元素——硒。

　　在化学上，发现一种新元素，是莫大的荣誉。有的化学家苦苦求索了一辈子，也没有发现任何新元素。但是，做事细致严谨的贝采利乌斯，却光荣地成为硒、钍、硅、铈、锆这五种新元素的发现者（其中有的元素是与其他科学家共同发现的）。从某种意义上说，发现新元素犹如侦破疑难案件一般，绝不可轻易放过任何蛛丝马迹！

　　弗里德里希·维勒，便曾因一时的疏忽，错失良机……

　　那是在 1828 年，维勒在分析墨西哥出产的铅矿时，觉得这种铅矿中可能有一种尚未发现的新元素。他研究了一阵子，没有查出来，便把它撂在一边，忙别的事儿去了。

　　三年以后，维勒听说贝采利乌斯的学生、瑞典化学家尼尔松·加布里埃尔·塞夫斯特姆发现了一种新元素——钒。

　　钒的原义，是希腊神话中一位女神的名字——凡娜第丝。

　　从塞夫斯特姆所描述的提取这种新元素的过程推断，维勒发现它很像三年前自己未能查出来的那种新元素。

　　于是，维勒把当年用过的铅矿，打上一个"？"，寄给贝采利乌斯。他请老师答复，塞夫斯特姆所发现的钒，会不会也是"？"。

　　贝采利乌斯仔细分析了维勒寄来的"？"矿石，查明这"？"就是氧化钒。贝采利乌斯给维勒写了一封风趣又含义深远的信：

收到寄来的带有"？"标记的矿石，请允许我向你讲述一个故事。

在北方极远的地方，有一位叫作凡娜第丝——"钒"的女神。一天，来了一个人敲这位女神的门。女神没有马上去开门，想让那个人再敲一会儿，结果那个敲门的人就转身离去了。这个人对于是否被请进去，显得满不在乎。女神觉得奇怪，就奔到窗口去瞧那个掉头而去的人。这时候，她自言自语道："原来是维勒这家伙！他空跑一趟是应该的，如果他不那么淡漠，他就会被请进来了。"过后不久，又有一个人来敲门了。因为这次他很热心地、激烈地敲了好久，女神只好把门打开了。这个人就是塞夫斯特姆，他终于发现了"钒"。

贝采利乌斯这封别具一格的信，借助"女神"之口告诉维勒：你既然没有一心一意地钻研下去，反而半途而废，怎么能发现钒呢？只有那些肯于钻研、锲而不舍的人，才能在科学上建立功勋。

七年之后，师生之间又为了发现新元素的问题，进行了有趣的通信。

那时候，维勒仔细研究了一种叫作"烧绿石"的矿石，认为其中可能会有新元素。他又把样品寄给了老师贝采利乌斯，附了一封信，说道：

……在烧绿石里，我所求索的未知数 X，只剩下两种答案——要么是钽酸，要么是新元素。

贝采利乌斯分析了样品，写了一封风趣的回信：

现在把你的未知数 X，寄还给你。对于它，我尽可能提出了问题，但是我从它那里只得到了含糊的答复。

"你是钛吗？"我问。

"维勒会对你说我不是钛。"矿石答道，"我自己也通过实验查明了这一点。"

"你是锆石吗？"

"不是的，我在纯碱里能溶解，形成琉璃一样的东西……锆石是不会这样的。"矿石又答道。

"你是锡吗？"

"我含锡，但是含量很少。"

"你是钽吗？"

"我和钽是亲戚，可是我在氢氧化钾里会逐渐溶解，形成黄褐色的沉淀。"

"那么，你到底是什么鬼东西？"我问道。

这时，我好像听到它回答说："还没有给我取名字呢！"

不过，我并不十分确信我听到了这句话，因为它是在我的右边说的，而我右边的耳朵又很不好使。由于你的听觉比我好得多，所以我把这个捣蛋鬼寄还给你，以便请你对它进行新的审问。

贝采利乌斯的这封回信，又有另一番深刻的含义：他给维勒许多帮助，告诉维勒那未知数不是钛、锆，也不是钽、锡。至于它究竟是什么，不能事事依赖老师，"以便请你对它进行新的审问"。

维勒曾收到贝采利乌斯的几百封信。这些信件所谈论的，都是科学问题，它们给了维勒莫大的帮助。

在贝采利乌斯去世之后，人们把他的信件加以整理，发现贝采利乌斯共计收到 7150 封信，寄出 3250 封信（未被保留下来的不在内）。这些信件印成专集，共计 6 卷 14 册！

"他书房里的笔，干的时候很少。"确实如此啊！

 # 高尚的科学道德

贝采利乌斯被人们推崇为"19 世纪上半叶最伟大的化学家"之一，不光是因为他学识渊博，学术造诣很深，更重要的是由于他具有高尚的科学道德，这是最难能可贵的！

贝采利乌斯绝不掠人之美。

瑞典青年化学家塞夫斯特姆和阿尔费德森，打心底里感激导师贝采利乌斯。不论是塞夫斯特姆发现钒，还是阿尔费德森发现锂，都是在贝采利乌斯的具体指导下进行的，他帮助他们做了许多工作。可是，贝采利乌斯却不愿分享元素发现者这一崇高的荣誉。他推荐了学生的论文，而绝不把自己的名字写进作者的行列。

1817 年，阿尔费德森在贝采利乌斯身边工作时，发现了新元素锂，当时他才 25 岁。连这种新元素的名字——Lithium（锂），也还是贝采利乌斯给取的呢！阿尔费德森成了锂的发现者，他的名字被载入化学史册。然而，锂是贝采利乌斯手把着手帮他发现的。

贝采利乌斯为人公正。

当贝采利乌斯成为化学权威之后，他要在他主编的《物理学和化学年鉴》中，对当年世界各国的化学论文进行评价。因为他是化学界权威，所以他的每一句评价都举足轻重。

一位化学家曾这样形容道：

"贝采利乌斯的评价，仿佛科学家共和国最高法官做出的判决！这个判决关系重大。年轻的和有经验的研究家们，经常怀着惶恐的心情，期待从贝采利乌斯口中说出这个判决。那些得到贝采利乌斯赞同、嘉许的论文作者，又是多么骄傲，感到自己得到多么有力的支持！"

当然，有的化学家受到贝采利乌斯的批评，那"自尊心会化为毫不掩饰的仇恨"！

这个"科学家共和国最高法官"，不好当啊！

然而，贝采利乌斯并不介意。他在给维勒的一封信中，曾这么说道：

"当我在为《物理学和化学年鉴》写评述文章时，对我来说，既无朋友，也无敌人。"

说得多好呀，"既无朋友，也无敌人"。他是一位化学法庭的"铁面包公"。他既鼓励那些有才华的青年人，也无情地抨击那些保守而又昏庸的"专家"。

贝采利乌斯曾尖锐地批评过当时英国著名的化学家戴维，指出他在《化学哲学原理》一书中常常使用"about"（大约）一词。贝采利乌斯认为，化学需要精确，必须杜绝含糊其词的"about"。他说："正是这个词，使得这位颇负盛名的科学家测定的数据不准确。"

谦逊与成就成正比。贝采利乌斯是一个十分虚心的人。

化学元素"钌"的发现过程，非常生动地说明贝采利乌斯拥有这一优秀品德。

钌是一种稀有的化学元素。在大自然中，它常常混杂在铂矿中。铂，也就是平常人们所说的"白金"。

事情得从铂说起。

贝采利乌斯曾邀请俄罗斯的青年化学家格尔曼·亨利·盖斯、戈特弗里德·奥萨因、弗利舍、斯特鲁威、史密特等人，先后到他的实验室工作过。为了向贝采利乌斯致谢，俄国的财政部部长康克林曾把俄国的约半千克铂送给了他。贝采利乌斯对这半千克铂详细地进行了研究。

1826 年，那位在贝采利乌斯实验室工作过的奥萨因，声称自己在俄国的铂矿中，发现了新元素。奥萨因用 Ruthenia❶ 来命名它，叫作"钌"。他把论文寄给了贝采利乌斯。

贝采利乌斯重做了实验，证明奥萨因的结论是错误的，否定了他的论文。奥萨因又重做了实验，承认自己错了。

过了十几年，另一位俄罗斯化学家卡尔·卡尔洛维奇·克劳斯仔细研究了这一问题。他再次做实验，证明俄国铂矿中确实存在新元素——他仍用奥萨因取的名字，称为"钌"。也就是说，克劳斯证明奥萨因是对的，贝采利乌斯错了！

要知道，贝采利乌斯一向以实验精确而著称。这位化学权威下的结论，怎么会是错的呢？何况，连奥萨因本人都承认自己错了。

克劳斯一再地进行实验。实验表明，确实是贝采利乌斯错了。

克劳斯的心情异常矛盾。他曾写过这样一段话：

整个化学界都在贝采利乌斯的丰功伟绩面前脱帽致敬，而我对他也永远怀着尊敬而亲切的心情。可是，我提出的事实，与这位伟大的化学家的结论相矛盾。人们会不会说我无礼呢？

但是，我相信每一个公道的批评家都会承认我是足够审慎的，都会承认我是不会根据匆忙的研究而去冒犯权威的。

相反，当我的实验与这位权威的矛盾越大，我越应当小心谨慎地检查我的实验，正是这种检查使我敢于得出与权威相反的结论。

---

❶ 这是乌克兰人对俄罗斯的称呼。

克劳斯是从 1844 年开始着手研究这一问题的。他生怕出错，曾把制得的钌的样品以及实验步骤寄给贝采利乌斯。贝采利乌斯经过鉴定，答复说，那是一种"不纯的铱"❶。

面对着"科学家共和国最高法官"的"判决"，克劳斯并没有气馁。他比奥萨因勇敢。他的成功，正是在于在"权威"面前不屈服，敢于坚持真理。

克劳斯一次又一次地进行实验，每次都把样品与实验结果寄给贝采利乌斯。贝采利乌斯依旧固执己见，不承认克劳斯的研究成果。

克劳斯没有向"权威"投降。他写出了论文《乌拉尔铂矿残渣和金属钌的化学研究》。他是喀山大学化学系教授。1844 年，他在《喀山大学科学报告》上，发表了自己的论文。

克劳斯把发表的论文连同样品，寄给贝采利乌斯。这一次，贝采利乌斯非常细心地进行鉴定，终于承认克劳斯发现了新元素。他很后悔，由于自己的过错，使这种新元素的发现，被推迟了 18 年。

1845 年 1 月 24 日，贝采利乌斯热情地复信给克劳斯：

请接受我对您的卓越的发现的衷心祝贺！我赞赏您精制而得的新元素"钌"的样品。

由于这些发现，您的名字将不可磨灭地写在化学史上。

现时最为流行的做法是：如果谁成功地做出了真正的发现，谁就要做出姿态，好像根本不需要提到在同一问题上前人的研究和启示，以便不致有哪个前人来与他一起分享这发现的荣誉。

---

❶ 铱已于 1803 年发现。

这是一种恶劣的作风。这样的人所追求的目标，终究是会落空的。

您的做法根本不同。您提到奥萨因的功绩，推崇这些功绩，甚至沿用了他提出的命名。这是一种高尚且诚实的行为，您永远在我心目中拥有最真诚、深刻的敬意和衷心的同情。我相信，所有善良正直的朋友也会向您祝贺。

贝采利乌斯这位"科学家共和国最高法官"做出了公正裁决：承认了自己的错误，赞扬了克劳斯的功绩。

这，正说明了贝采利乌斯的胸怀多么宽广。

这，也说明了克劳斯坚持真理、尊重前人的高尚品德。

在科学上，多么需要提倡这样的情操、这样的道德！

统一了化学"语言"

贝采利乌斯在化学上的贡献之一，在于他创立了最简便的方法，用来表示化学元素，这种方法一直沿用至今。在这之前，化学元素有各种各样的表示方法。

英文"化学"一词经考证源于阿拉伯语，原意是"炼金术"。在古代，人们梦想着"点石成金"，用各种化学方法进行试验。于是，"化学"便成了"炼金术"。

炼金术士们生怕别人知道自己的秘密，就用各种奇特的符号表示化学元素。例如，用太阳表示金，因为金子闪耀着太阳般的光辉；用月亮表示银，因为银子闪耀着月亮般的光辉……至于一些"秘密"符号，就不得而知了。

英国化学家约翰·道尔顿改用各种各样的圆圈来表示化学元素。1808 年，道尔顿在他的《化学哲学新体系》一书中，采用 20 种圆圈，分别表示 20 种化学元素。限于当时的认知水平，道尔顿把石灰、苛性钾（即氢氧化钾）等，也当作了"化学元素"。

这些圆圈，当然比炼金术士们的化学符号要简单一些，可是，在化学论文中画满这样的圆圈，仍是一件十分麻烦的事儿。

有一次，贝采利乌斯把论文送到印刷厂去排字，工人们抱怨道："我们没有这些圆圈！你在论文中画上一个圆圈，我们就得专门铸一颗'圆圈'铅字！"

工人们铸造的"圆圈"有大有小，印在论文中，非常难看。

怎么办呢？

贝采利乌斯用手托着下巴，沉思着。他想：能不能用普通的英文字母，表示化学元素呢？

最后，他终于制订了一套表示化学元素的办法。

贝采利乌斯建议用化学元素的拉丁文开头字母，作为这种元素的化学符号。比如：

氧的拉丁文为 Oxygenium，化学符号为 O；

氮的拉丁文为 Nitrogenium，化学符号为 N；

碳的拉丁文为 Carbonium，化学符号为 C。

如果有两种或两种以上的化学元素拉丁文开头字母相同，其中一种元素就在开头字母后另写一个小写字母。例如，铜的拉丁文为 Cuprum，开头字母为 C，与碳相同，化学符号便写作"Cu"。

1813 年，贝采利乌斯在《哲学年鉴》杂志上发表了自己关于化学元素符号的新的命名法。他的论文很快受到各国化学家的拥护。因为新的命名法，只需用普通的拉丁文字母，便可清楚地表示各种不同的化学元素，使用方便，排印也很方便。

不过，道尔顿却坚决反对。他用惯了那些圆圈，不喜欢用贝采利乌斯的新命名方法。道尔顿至死仍用他的那些圆圈。

1860 年秋天，第一次化学家国际会议在德国卡尔斯鲁厄召开。会议一致通过采用贝采利乌斯的化学元素符号命名法——这时，贝采利乌斯已经离开人世 12 年了。

从那以后，各国的化学论文、化学教科书，都采用贝采利乌斯化学元素符号命名法，直至今日。自从世界上有了统一且简便的表示化学元素的符号，化学界有了共同的语言，由此促进了化学的发展。

 ## 56 岁才结婚

贝采利乌斯在忙碌中，匆匆度过了他的青春。

在他 22 岁，忙于研究用电流治疗风湿症的时候，一位法国姑娘闻讯前来找他。姑娘的左臂由于患风湿症，几乎丧失了活动的能力。

贝采利乌斯精心地为她治疗。由于他白天在实验室里忙得不亦乐乎，只好在夜里给姑娘电疗。

渐渐地，姑娘的左臂灵活起来了。

过了半年，姑娘的左臂竟能活动自如了。

姑娘对这位热情、勤奋的瑞典青年产生了爱慕之情。可是，沉醉于写博士论文的贝采利乌斯，只把姑娘看成病人而已。

姑娘要回法国了，临别时，留给贝采利乌斯一封信。信中写道："让一颗少女赤诚的心，留给您作为永久的纪念……"直到这时，贝采利乌斯才明白发生了什么事情。

不过，忙碌的科学研究工作，使他没有多少闲暇考虑个人的生活。特别是当他获得博士学位之后，他心中所爱，唯有化学！

他，首先提出了用元素拉丁文名称的开头字母作为元素符号，得到了化学界的拥护，一直沿用至今；

他，对于建立化学原子论，做出了重大贡献；

他，把原子论引入电化学，创立了新的理论；

他，为化学定性分析、定量分析奠定了理论基础；

他，首先提出了"有机化学"这一概念；

他，深入地研究了催化原理……

贝采利乌斯日夜兼程，每天都处于"超负荷"状态。

虽然有一位帮助他料理实验室的女助手，曾对这位忙碌又辛苦的化学家从同情到爱慕，可是，他根本没有工夫考虑爱情。在他的脑海里盘旋着的，是烧杯、药品、论文！

年岁不饶人。过了 50 岁，贝采利乌斯的偏头痛三天两头发作，身体健康状况每况愈下。许多朋友都好意地劝他应该考虑结婚了。

一直到 56 岁，贝采利乌斯才认为"稍微有点儿空"，这才准备结婚。

那年，他在给尤斯图斯·冯·李比希的信中说：

整个夏天，我的健康状况都很坏……

我要在 12 月里结婚，现在正在尽力地把我的单身汉的家布置得能够让妻子住进来。当然，结婚以后，我的化学研究要受到许多限制，而在这以前，它是独占一切的！

他的妻子，是他的老朋友、瑞典国务大臣波皮乌斯的大女儿，名叫约甘尼·叶里查维蒂，24 岁。论年龄，还不及贝采利乌斯的二分之一，但是他们之间的感情却很真挚。

举行婚礼那天，斯德哥尔摩轰动了。瑞典各界名流云集到贝采利乌斯家里，他疲于接待各方贵宾。瑞典国王查理十四也特地写来贺信，授予贝采利乌斯男爵爵位。这位出身贫穷的孩子，成了瑞典王国的骄子。

鲜花和荣誉包围了贝采利乌斯。他家门庭若市，高朋满座。

然而，他却竭力摆脱那些耗费时间的迎来送往，仍埋头于他的化学研究。

由于过度疲劳，他的偏头痛发作得越来越厉害。在 68 岁那年，他又患上背痛，只能整天困坐在安乐椅上，无法做化学实验了。不久，他的双腿瘫痪了，不得不卧床静养。他明显地衰老了，甚至连提笔写字的气力都没有了。

在那样艰难的时刻，贝采利乌斯仍记挂着化学研究工作，记挂着他的学生们。他叮嘱维勒来完成化学教科书的修订再版工作。

1848 年 8 月 7 日深夜，这位化学巨匠离开了人世，终年 69 岁。他被安葬在斯德哥尔摩近郊的墓地里。

人们对这位化学巨匠的功绩，做了这样的评价：

他以自己杰出的研究工作，丰富了化学的各个领域；他不论在实践中还是理论上都同样出色；他把零散的化学知识系统化，使化学成为一门严谨的科学；他热情地帮助年轻的一代，尽了自己最大的力量；在化学史上，他是光芒四射的先驱……

"生命力论"的破产

 ## 身在曹营心在汉

"严师出高徒。"弗里德里希·维勒，是贝采利乌斯最得意的门生之一。

虽然维勒在贝采利乌斯身边只工作过一年，然而，他毕生师从贝采利乌斯。他与贝采利乌斯过从甚密，几乎每个月都会收到贝采利乌斯的信。正因为这样，当贝采利乌斯去世时，他整理出几百封贝采利乌斯的信，送呈瑞典科学院，表示他对导师的缅怀之情。当然，这件事也足以说明维勒十分细致严谨，把贝采利乌斯在 25 年间写给他的信件，全都编号保管，无一疏漏。

弗里德里希·维勒，1800 年 7 月 31 日出生于德国法兰克福附近的埃合海姆村。他的父亲是当地颇有名气的医生。

小维勒又瘦又高，像绿豆芽似的。大脑袋上长着一对招风耳朵。他学习成绩一般，除了喜欢画画，并没有什么过人之处。

大抵是望子成龙的缘故，父亲对维勒寄予了莫大的希望。他们的家庭富裕，完全有能力让维勒从小学念到大学。父亲希望维勒像他那样，也成为一位受人敬重的医生。

维勒念中学的时候，有一件事，曾使父亲大为生气。

维勒爱看"闲书"，一有空，就到父亲的藏书室里翻书看。他对那些医学书籍没有多大兴趣，但他偶然找到一本哈金写的《实验化学》，非常喜欢。他把这本书从头读到尾，挑选了其中比较简单的化学实验，想试着做。好在父亲是医生，他的药房里不难找到化学药品。

维勒找到一块硫黄，按照书中所说，用火点燃，硫黄燃烧起来了，漂亮的浅蓝色的火焰左右晃动，使小维勒感到新鲜极了。硫黄燃烧后还冒出一股白烟，呛得小维勒不停地咳嗽，眼泪像断了线的珍珠般掉了下来。可是，小维勒全然不顾，醉心于欣赏那奇特的浅蓝色的火焰。当然，父亲的鼻子很快就闻到了那呛人的烟味儿。他认为儿子"不务正业"，气呼呼地收走了化学药品和仪器。最使小维勒痛心的是，父亲把那本《实验化学》也收走了。

没有《实验化学》，没办法再做化学实验了。可是，化学，已经使小维勒入迷。怎么办呢？小维勒还算机灵。他记起父亲有个好朋友——布赫医生，他是一个很有学问的人，一定会有化学书。

小维勒匆匆跑到布赫医生家。

果真，布赫医生家里有很大的书房，各式各样的书摆放在书橱里。

布赫医生很喜欢小维勒。他指着一个书橱说："瞧，这儿全是化学书。"

天哪，整整一书橱的化学书！小维勒高兴得跳了起来。

小维勒怯生生地问道："您能借我一本看看吗？"

布赫医生爽朗地大笑起来，说道："孩子，你爱看哪一本，你就拿走。我可以送给你。"

啊，这简直连做梦都想不到！

从那以后，小维勒成了布赫医生家的常客。

布赫虽然是医生，但是很喜欢化学。他有那么多的化学书籍，正是他喜欢化学的证明。

他常常跟小维勒谈论化学，说起贝采利乌斯、戴维、拉瓦锡……

小维勒看完化学书，总是送还给布赫医生。他不敢放在家中，生怕被父亲发觉。他一本接一本地读，几乎读遍了那书橱里的化学书。

很巧的是，小维勒也对伏打电池产生了兴趣。他想依照法国化学家盖·吕萨克的电解方法，制取金属钾。书中说，金属钾像石蜡一样柔软，可以用小刀切成一块块的，放在水里会燃烧，发出明亮的光芒。啊，这是多么有趣的金属，如果能够亲手制取出这样的金属，该是多么有趣！

制造伏打电池，需要铜和锌。法兰克福造币厂的一位技师，慷慨地送给小维勒十多枚铜币。不久，这位技师又把一些金属锌送给了他。这么一来，伏打电池的原料问题解决了。

伏打电池总算做成功了。不过，小维勒一直未能制取金属钾。

一次，小维勒的妹妹拿着维勒的电线玩，电流从她的身体通过，把她吓了一跳。这事传进父亲的耳朵，父亲生气了，把小维勒的伏打电池一股脑儿从窗口扔了出去……

"小化学家"又一次蒙受了沉重的打击。不过，探索化学之谜的种子已经在他的心中发芽。

父亲固执地希望儿子学医。1820 年，在维勒 20 岁的时候，他考入马尔堡大学学医。维勒"身在曹营心在汉"，他虽然学医，心中爱的却是化学。他的寝室里放满各种药品、烧杯、烧瓶，简直成了化学实验室。课余，维勒沉醉于化学实验中。

维勒 21 岁时写出了生平第一篇化学论文。他很幸运，论文经布赫医生的推荐，便发表了。正是这篇不长的论文，引起了贝采利乌斯的注意，他在《物理学和化学年鉴》上赞扬了维勒。维勒走上成功之路，要比贝采利乌斯容易得多，这和维勒出自名门之家，又有布赫医生的支持分不开。而孤苦伶仃的贝采利乌斯硬是依靠自己不懈的奋斗才脱颖而出——在那样的社会里，这样的事例是不足为奇的。

 ## 不打不相识

维勒决心献身化学。

维勒倾慕德国化学家利奥波德·格梅林的大名，准备离开马尔堡大学，前往海德堡大学求学。

非常意外，格梅林竟然认为，维勒不必听他的课。

"格梅林教授，要知道，我还从来没有听过一次化学课。"维勒恳求道。

"不，你确实不必来听我的化学课。我读过你的化学论文。凭你写那篇化学论文的水平，根本不必再听化学课。不过，你可以到我的化学实验室里，做你的实验。"

格梅林教授的赏识，使维勒感激涕零。

于是，维勒在海德堡大学照旧学医，课余从事化学研究。有了格梅林教授的指点，有了设备完善的化学实验室，维勒的化学研究工作大有长进。

格梅林教授是研究氰化物❶的专家。维勒在他的指导下，研究氰酸。

维勒测定了氰酸的化学成分，指出它是由碳、氮、氢、氧 4 种元素

❶氰，化学式为（CN）$_2$，是由碳、氮两种元素组成的化合物。氰化物是指含有—CN（即氰基）的化合物。剧毒的氰化钾，就是著名的氰化物。

组成的。22 岁的维勒发表了生平第二篇论文，公布了他所测定的氰酸的化学成分。

　　紧接着，维勒又制得了氰酸银和氰酸钾，测定了它们的化学成分。23 岁的维勒，又顺利地发表了生平第三篇论文。他从 21 岁起，每年发表一篇化学论文，干得相当出色。就在维勒发表第三篇论文时，格梅林教授提醒他："请你注意一下一个叫尤斯图斯·冯·李比希的青年刚发表的论文！"

　　那时候的李比希才 20 岁。维勒赶紧查阅了李比希的论文。奇怪，李比希测定了一种"雷酸"的化学成分，竟跟氰酸差不多！

　　氰酸跟雷酸，化学性质截然不同，氰酸很安定，雷酸却很易爆炸。不同的化合物，怎么会具有相似的成分？

　　不久，如本书第三章开头所写，维勒来到斯德哥尔摩，来到贝采利乌斯身边。维勒迫不及待地向这位"科学家共和国最高法官"提出了自己的疑问。

　　"最高法官"怎么判决的呢？

　　他说："在维勒和李比希两人之中，总有一个人测定错了。"

　　那么，究竟是谁错了呢？

　　"最高法官"没有答复。

　　这时，李比希也看到了维勒关于氰酸的论文。他同样感到疑惑不解。

　　于是，李比希拿来氰酸银进行分析，发现其中含有氧化银 71%，并不像维勒所说的是 77.23%。李比希发表论文，认为维勒搞错了。

　　维勒又重做实验，发现李比希搞错了，因为李比希所用的氰酸银不纯净。维勒进一步测定，认为氰酸银所含氧化银为 77.5%。

　　就这样，维勒和李比希，你一篇论文我一篇论文，展开了激烈的论战。

1826 年，李比希发表论文，说他提纯了氰酸银之后，所得的结论与维勒一样，同时也与他所测得的雷酸银的化学成分一样。

对此，他们无法解释：两种显然不同的化合物，怎么会有相同的成分呢？

尽管维勒和李比希都在德国工作，不过，维勒在柏林，李比希在吉森，两人从未见过面。他们之间，只能通过信件和论文交换意见。他们多么渴望见面畅谈呀！

1828 年年底，维勒从柏林回到故乡法兰克福度寒假。

一天晚上，维勒正在老同学施皮斯医生家里围着壁炉聊天，这时，响起敲门声。

门开了。门外站着一位 25 岁的青年，个子瘦长，前额宽广，两道浓眉下双眼闪闪发亮。

"哟，什么风把你吹来了？"施皮斯一眼就认出来李比希。李比希路过法兰克福，来看看老朋友施皮斯。

"李比希？"维勒一听这个熟悉的名字，赶紧站了起来。

两人都意想不到，会在这儿相遇。这是他们生平第一次见面。

壁炉的火光，把两位青年化学家的脸映得通红。

他俩真是相见恨晚，还来不及寒暄，就谈起了氰酸、雷酸，雷酸、氰酸。

俗话说"不打不相识"，他俩在激烈的争论中结为知己。

他们经过详尽的讨论，认为双方都没有错。

既然"最高法官"说过，"在维勒和李比希两人之中，总有一个人测定错了，"而如今，维勒和李比希测得的结果却一样，都没有错，究竟是怎么回事？

他们又向"最高法官"贝采利乌斯请教。

这一回，贝采利乌斯没有马上答复。他亲手重做维勒和李比希的实验。嘿嘿，"最高法官"发现维勒没有错，李比希也没有错，而是自己当年的"裁决"错了！

1830 年，贝采利乌斯提出了一个崭新的化学概念，叫作"同分异性"。意思是说，同样的化学成分，可以组成性质不同的化合物。他认为，氰酸与雷酸，便属于"同分异性"，它们的化学成分一样，却是性质不同的化合物。在此之前，化学界一向认为，一种化合物具有一种成分，绝没有两种不同化合物具有同一化学成分。

贝采利乌斯正确地"裁决"了维勒和李比希之间的论战，使化学探秘又向前迈进了一步。

从那以后，维勒和李比希之间的友情，越来越密切。

论性格，维勒和李比希截然不同：李比希热烈，爽快，一激动起来就脸红脖子粗，他好动，好斗；而维勒温和，文静，指着他的鼻子批评也不会动气，爱静，爱思索。李比希看到别人稍有错误，马上就会批评，而且有时往往批评过火。不过，他一旦发现自己错了，又会立即承认，"闻过则喜"。维勒不经深思熟虑，不经自己实验，绝不轻易批评别人，而且讲话极注意分寸。然而，共同的事业——化学，使他们成为诤友、畏友、莫逆之交。

他们多么想在一起工作啊！

1831 年，李比希想办法给维勒在卡塞尔艺术学院找到了一份工作。维勒毅然离开了首都柏林，到小城市卡塞尔工作，他的目的只有一个——离李比希近一点儿。

其实，卡塞尔跟吉森也不算近，相距 100 千米。可是，终究比柏林要近得多。一有空，不是维勒上吉森去，就是李比希到卡塞尔来。他们共同合作，以两人的名义，发表了几十篇化学论文。

李比希在给维勒的一封信中说：

我们两人同在一个领域中工作，竞争而不嫉妒，保持最亲密的友谊——这是科学史上不常遇到的例子。我们死后，尸身将化为灰烬，而我们的友谊将永存！

维勒在给李比希的信中则说：

用我们共同名义发表的某些短文，其实是我们之中的一个人所写的。用两人的名义共同发表，为的是纪念我们的友情。

人们曾这样评论维勒和李比希的友谊：

在世界化学史上，恐怕没有比他们两人合作得更好的了！他们为什么会有如此深厚的友谊？那是因为他们都正直无私，对学问务求彻底，在科学面前老老实实。有了这许多共同点，他们才会携手并进，成了挚友。

李比希谈及他和维勒一起做实验时说："当一个人需要帮助的时候，另一个人则早已做好了准备，我们两个人犹如一个人似的。"

维勒结婚后两年，妻子不幸病故。为了减轻挚友的痛苦，李比希把维勒接到自己家中住，安慰他。

维勒深为感动，后来在给李比希的信中说：

你以亲爱之意接待我，留我如此之久，我不知应当如何感谢你。当我们在一起面对面工作时，我是何等快乐！

吾爱吾师，吾更爱真理！

古希腊学者亚里士多德有一句名言："吾爱吾师，吾更爱真理！"

维勒毕生崇敬他的导师贝采利乌斯。然而，为了追求真理，他与他的导师之间，曾有过一场极为激烈的论战……

那是在 1824 年，维勒刚刚离开贝采利乌斯，从瑞典返回德国。

维勒埋头于研究氰酸。

有一次，维勒打算制备氰酸铵。照以往操作，往氰酸中倒入氨水，就可以制得氰酸铵。他在氰酸中倒入氨水之后，用火慢慢加热，想把溶液蒸干，得到氰酸铵结晶体。不过，蒸发过程实在太长了。维勒一边加热，一边忙着把从瑞典带回来的化学文献译成德文。

临睡前，维勒看到溶液已经所剩无几，便停止了加热。

清晨，他一觉醒来一看，咦，奇怪，蒸发皿中怎么出现了无色针状结晶体？显然，这与他过去曾制得的氰酸铵结晶体不同。

照理，在氰酸铵中加入氢氧化钾溶液，加热以后，会放出氨（即阿摩尼亚，化学式为 NH_3），闻到氨的臭味。可是，这种针状晶体溶解后加入氢氧化钾，不论怎么加热，都没有闻到氨的臭味。

奇怪，这是一种什么样的"氰酸铵"呢？

当时，维勒忙于别的事儿，来不及深究，一放便是 4 年。

1828 年，当维勒重新制得这种"氰酸铵"时，再没有轻易放过。

他经过仔细研究，证明这种针状结晶体并不是氰酸铵，而是尿素！

尿素，是动物和人的排泄物的主要成分。在人的尿里，便含有许多尿素。一个成年人每天大约排出 30 克尿素。维勒制得的尿素，与尿中的尿素一模一样。

维勒马上意识到这一发现的重要性。因为他知道，尿素属于有机化合物❶。他是用无机物——氰酸和氨制造的尿素。这在化学史上是空前的。在此之前，没有任何人曾用人工方法制造出有机化合物（虽然在 1824 年维勒曾用人工方法制成了草酸，草酸也属于有机化合物，不过，由于草酸并不是很重要、很典型的有机化合物，因此没有引起注意，维勒本人也把它轻轻放过了。他是未经深思熟虑不轻易表态的）。

维勒立即想到了导师贝采利乌斯。在化学上，正是贝采利乌斯早在 1806 年，便首先提出"有机化学"这一概念。

维勒兴奋地给贝采利乌斯写信：

　　我要告诉您，我可以不借助于人或狗的肾脏而制造尿素。可不可以把尿素的这种人工合成看作用无机物制造有机物的一个先例呢？

令人意想不到的是，贝采利乌斯对维勒的发现非常冷淡。

贝采利乌斯在指出"有机化学"这一概念时，曾再三强调：

"……在有机物的领域中，元素服从着另外一种规律，那是和无机领域所服从的规律不同的……有机物是生命过程的产物，所以有机物只能在细胞只受到一种奇妙的'生命力'的作用时才能产生。"

他把"有机化学"称为"研究在生命力影响下形成的物质的化学"。

至于"生命力"是什么东西呢？

———————————

❶ 在化学上，把含碳的化合物（除一些简单的含碳化合物，如一氧化碳、二氧化碳、碳酸、碳酸盐之外）称为有机化合物，而把不含碳的化合物称为无机化合物。

他的答复是："神秘的，不可知的，不可捉摸的，抗拒任何理论上的解释。"

这，便是所谓的"生命力论"。

维勒的发现，显然是对"生命力论"的沉重打击。它证明，不依赖神秘的"生命力"，可以用人工方法制成有机化合物。

师生之间，产生了严重的分歧。

尽管贝采利乌斯曾经说过这样的话："习惯于固定的见解，常常会导致错误。美玉也有瑕疵。"但"生命力论"这一"固定的见解"的影响，导致这位化学权威犯了不小的错误。

贝采利乌斯复信给维勒，挖苦地问道：能不能在实验室里制造出一个小孩来？

还有人牵强附会地跟随着这位权威的调子说：尿素本来就是哺乳动物和人的排泄物，是不要了的废物，不能算是"真正的有机物"，充其量是"介于无机物与有机物之间的东西"！

维勒呢？他很冷静。即使是导师的话，如果不符合科学，他也不偏听偏信。他敢于坚持真理❶。

实践终于证明，真理在维勒手中：过了17年，在1845年，有探索者用人工方法制成了重要的有机化合物——醋酸。紧接着，又人工合成了酒石酸（葡萄中含有它）、柠檬酸（存在于柠檬汁与橘子汁中）、琥珀酸（存在于葡萄中）、苹果酸（许多未成熟的水果中含有它）……在1854年，人们还用甘油和脂肪酸人工合成了油脂。

"生命力论"，终于彻底破产了。

---

❶ 后来查明，尿素与氰酸铵属"同分异性"，它们具有共同的化学组成。用氨和氰酸既可制得氰酸铵，也可制得尿素。

贝采利乌斯依旧坚持他的"生命力论"。不过，他在给维勒的信中，也不得不承认维勒的功勋：

谁在合成尿素的工作中奠下了自己永垂不朽的基石，谁就有希望借此走上登峰造极的道路。的确，博士先生，你正向不朽声誉的目标前进。

维勒呢？他却说：

"目前，有机化学是令人注目的。对于我来说，它是一片浓密的森林，一片漫无边际的森林，我愿闯进去……"

的确，维勒勇敢地闯了进去，成为这片处女地的第一批开荒者。他不畏艰难、披荆斩棘的首创精神，为他赢得了崇高的声誉。

尽管师生之间发生过如此尖锐的论战，而且维勒是胜利者，然而，维勒始终对导师怀着深深的敬意。正因为这样，亲密的师生之谊，一直存在于贝采利乌斯与维勒之间。

维勒也像贝采利乌斯一样，很注意培养青年。他的一生中，有60年是当教师，曾培养了几万个学生。

维勒在化学上做出了杰出的贡献，赢得了很高的声誉。柏林、吉森、波恩、斯德哥尔摩、巴黎、彼得堡、伦敦、都柏林……许多科学院和大学都聘请维勒担任院士或者名誉教授。

当法国化学家德维尔制得了金属铝之后，人们曾用这种当时非常稀罕的"贵金属"铸成奖章。奖章的一面铸着拿破仑三世的肖像，另一面则铸着维勒的名字和"1829"字样。因为维勒在1829年第一个用钾分解无水氯化铝，分离出少量的金属铝。之后不久，拿破仑三世聘请维勒担任名誉顾问。

维勒非常谦逊。他写了《分析化学实验教程》一书，不愿署名。为什么呢？"因为这类小册子人人都能写得出。"

1882年7月31日，是维勒的82岁寿辰。许多知名人士都赶来祝贺。维勒乐观而幽默地在寿宴上说道："诸位庆贺我的生日，未免太性急了点儿。等我活到90岁，到时再来祝贺也不算晚。"

就在他讲过这话之后不到2个月——1882年9月23日，他与世长辞。

人们用这样简洁的话，概括了维勒的一生：

他的一生无日不在化学之中度过——不是学化学，就是教化学，或者研究化学！

维勒临终留下遗嘱，他的墓上不设置铜制或者大理石制的纪念碑，而只放一块石头。石头上面刻着他的姓名——不允许刻上他的任何"头衔"！

维勒逝世之后，人们统计了一下，他发表过化学论文270多篇，获得世界各国给予的纪念荣誉达317种。

 # 又是一个小化学迷

维勒的密友李比希，比他小3岁，1803年5月12日出生于德国的达姆斯塔特。

维勒的父亲是医生，李比希的父亲则是药剂师。在达姆斯塔特城一条狭窄的弄堂里，有一个小店，门上挂着"乔治·李比希药房"的招牌，那就是李比希的父亲开设的药房，是李比希度过童年的地方。

弄堂附近还有染坊和制革作坊，那也是小李比希爱去的地方。药房、染坊、制革作坊，与化学有着千丝万缕的联系。李比希爱上化学，最初就是从这些地方开始的：各种各样的化学药品，是怎么回事呢？衣服是怎样被染上各种漂亮的颜色的？鞣革又是怎么一回事？最有意思的是，李比希的父亲还常常自己动手，制造颜料、染料、化学药品。李比希喜欢充当父亲的小助手，慢慢地，他熟悉了许多化学药品的名字，掌握了一些化学实验的方法。

李比希也挺喜欢他的邻居艾斯纳叔叔。艾斯纳叔叔简直像魔术师似的，能够用碱和油脂作原料，生产出一块块雪白的肥皂来。李比希从他那里，也了解了许多化学常识。

渐渐地，李比希能够读懂父亲的那些制药手册了。他几乎读遍了家中的藏书。

有一次，父亲要试制一种新药，可是，在制药手册上查不到关于这种新药的制造方法。父亲太忙，就派李比希到宫廷图书馆去查阅。

李比希生平第一次来到了书的"海洋"之中。他看到那书架上成架的图书，惊讶极了。

图书管理员听说这孩子要借化学书——那是一些就连大人也看不大懂的书籍，感到很惊奇。

他很热心地把李比希领到一个书架前，指着满架的书说道："瞧，这些都是化学书。"就像维勒在布赫医生家的化学书橱前入迷了一样，李比希站在宫廷图书馆那满架的化学书籍前，也流连忘返！他翻阅着一本本化学书，才知道原来化学是一门内容非常丰富的学科。宫廷图书馆，像磁石一样吸引着李比希。从那以后，他三天两头到那儿去。尽管他那瘦小的个子和厚厚的书本不大相称，然而，小小年纪，他竟读完了32卷的《化学词典》！

书，是没有围墙的大学；书，是打开科学之门的金钥匙；书，是不会说话的老师；书，是科学征途上的向导。正是那满架的化学书籍，使小李比希深深地爱上了化学。

小李比希十分认真，他按照书架上书的顺序，逐本细读。图书管理员告诉他，书的顺序是按图书的类别摆放的，不像课本，要从一年级起按顺序读。小李比希笑了，他说，这样按顺序读书，为的是不至于漏读一本！

上中学的时候，教拉丁语的老师是中学校长。有一次，在上课的时候，李比希的脑海中翻腾的不是拉丁语，而是化学。他走神儿啦！

忽然，他发觉校长正站在他的面前，用严厉的目光注视着他。

"李比希，你重复一下我刚才讲的动词！"校长提高了声音说道。

李比希涨红了脸，答不出来。

"像你这样，怎么行呢？你不好好学习拉丁语，长大了想干什么呢？"校长数落着他。谁知李比希霍地站了起来，大声地回答道："我长大了要当化学家！"

"哈哈哈哈……"教室里爆发了哄堂大笑。

这时，李比希的脸却没有红。他想，长大了要当化学家，这有什么可笑的呢？

 ## 21 岁当教授

令人意想不到的是，没过多久，这位"未来的化学家"，被校长开除了！

那是在一次上课的时候，忽然从操场上传出"轰"的爆炸声，全校都惊动了。

校长和老师们循声跑到操场，看到李比希正在与他的同学们兴高采烈地欢呼着。

原来，李比希那个班级没有课。"小化学家"从家里带来了炸药，在操场上表演爆炸，给同学们看。

校长对李比希的印象本来就不好，这一次，他勃然大怒，斥责李比希破坏校规，把他开除了。

这时，李比希才 15 岁。

失学了，怎么办呢？

正好，李比希的父亲有个同行叫皮尔斯，开设了一间药房，需要一名学徒。于是，李比希就到了那儿，充当小学徒。

皮尔斯先生开始挺喜欢李比希的，然而，没多久，他却下逐客令，把李比希辞退了！

为什么呢？

原来，皮尔斯先生见李比希伶俐能干，又喜欢化学，就腾出一间小阁楼，给他当实验室。

这当然使李比希欣喜若狂。这位 15 岁的小学徒，做完他学徒的本分事儿之后，便把全部时光消磨在那间小阁楼里。他依旧对炸药深感兴趣。他知道雷酸银和雷酸汞❶具有爆炸的性能后，竟然着手制造。他在金属银（汞）中倒入较多的硝酸和少量盐酸，慢慢加热，制成硝酸银（汞），然后往里倒进酒精……这样，就制得了雷酸银（汞）。

刚制得的雷酸银（汞），是潮湿的。放在那里，慢慢变干了。他不知道干的雷酸银（汞）是个"脾气"异常暴躁的家伙。一天，他在做实验的时候，那研磨用的研杆不小心从桌上滚下去，正好落在放雷酸银（汞）的器皿里。

"轰"的一声，猛烈的爆炸把屋顶掀掉了。李比希呢？被埋在了砖块

---

❶ 雷酸汞俗称"雷汞"，是现在常用的起爆药，雷管里便装着它。

瓦砾之中！

虽然他很幸运，没有被炸伤，然而，皮尔斯先生再也不敢雇用这个小学徒了。他担心小李比希总有一天会把他的整个药房炸个粉碎！

唉，两次爆炸，一次使李比希失学，一次使李比希失业。没办法，他只好回到父亲身边。

幸亏李比希的父亲还算比较开明，不像维勒的父亲那样对儿子的志趣横加干涉。李比希在家里帮助父亲照料药店，充当助手。

"我想研究化学，我长大了要当化学家！"李比希总是对父亲苦苦哀求。

父亲深知，儿子想要研究化学，想要当化学家，志向是值得赞许的。可是，要研究化学，就得上大学。他有六个孩子，药房的收入又很有限。他犹豫、考虑再三，终于同意了李比希的请求。

就这样，17岁的李比希，考入了波恩大学，成了大学生。

虽然李比希向往的是化学，然而，那时候最时髦的是"形而上学哲学"。李比希竟放弃了化学，花费两年时间，去听哲学课程！

李比希把这件事引为终生的遗憾。后来，他在一篇文章中回忆道：

"那是一个崇尚言论、思想而鄙视实际知识和实验的时代。我年幼无知，抵御不了这种占统治地位的思潮。我专心于研究形而上学哲学。我一生中两年宝贵的光阴就这样白白浪费了！"

一位化学教授发现了李比希在化学方面的才华，允许他到化学实验室里工作，这才使他由此折回，继续从事雷酸研究。

不过，李比希是一个思想很活跃的人。他参加了大学生中的社团，从事政治活动。

1822年，李比希所参加的政治团体被德国政府取缔。李比希匆忙地逃往法国巴黎。这个19岁的青年第一次来到异国，马上敏锐地感觉到：

当时的德国讲究虚饰，而当时的法国却很讲究实际。

他下决心踏踏实实地学习化学，不再追求做个时髦的哲学家。

他很幸运，得到了法国著名化学家盖·吕萨克教授的赏识，并当上了他的助手。

在盖·吕萨克教授的指导下，李比希终于查明了雷酸的化学成分。1823年，这位20岁的青年发表了第一篇化学论文。他跟维勒的争论，就是这篇论文引起的。

盖·吕萨克教授和亚历山大·冯·洪堡教授都很赏识李比希的才华。1824年，当李比希决定返回德国时，两位教授专门给德国政府写了推荐书。因此，李比希来到德国吉森大学任教，被破格提拔为"编外教授"。这时，他才21岁。2年后，他被任命为正式教授。

从粗心到细心

1826年，李比希从法国的《物理和化学年报》上，读到了法国青年化学家安东尼·巴拉尔的论文《海藻中的新元素》，吃了一惊！

巴拉尔在论文中说，两年前，他才17岁，是法国一个药学专科学校的学生。当时，他在他的故乡——蒙彼利埃研究盐湖水，从湖水中提取食盐之后，往剩余的母液中通入氯气，得到红棕色的液体。他知道，那红棕色的东西大概是"氯化碘"（请注意，李比希看到"氯化碘"这几个字时，几乎要跳起来了）。

光是"大概"不行，巴拉尔决定证实一下是不是氯化碘。

照理，氯化碘是一种不稳定的化合物，加热一下就会分解。可是，那红棕色的东西不会分解，而且有一股刺鼻的臭味。

巴拉尔还研究了海藻。他发现，把海藻烧成灰，用热水浸取，再往里通入氯气，这时，除了得到紫黑色的固体——碘的晶体外，也得到了红棕色的液体。

巴拉尔经过仔细研究，断定那红棕色的液体是一种未发现的化学元素。巴拉尔把它命名为"溢"，按照希腊文的原意，就是"盐水"。

巴拉尔把自己的发现通知了法国科学院。科学院把这个新元素改称为"溴"。按照希腊文的原意，就是"臭"。

李比希看完论文，直跺脚，后悔莫及！

为什么呢？

几年前，曾有一个商人，拿着一瓶从海藻灰中提取的红棕色的液体，请他鉴定。他没有深入研究，就告诉商人那是"氯化碘"，贴上了标签。

就这样，由于他的粗心、想当然，错失良机，错过了发现新元素的机会。

李比希非常惋惜。他发表文章说道："不是巴拉尔发现了溴，而是溴发现了巴拉尔！"巴拉尔由于发现溴，他的名字被载入了化学史册。

李比希勇于改错。他把那张贴在样品瓶上的"氯化碘"标签，小心地取了下来，贴在床头，作为教训。他还常常把它拿给朋友们看，希望朋友们也能从中吸取教训。

后来，李比希在书信中谈到这件事时，曾这样写道：

从那以后，除非有非常可靠的实验作根据，我再也不凭空地自造理论了。

不过，李比希是一个性急的人，一下子要改掉粗心的缺点，并不容易。从 1831 年起，他负责主编德国化学界的《药学年鉴》。他要对每篇论文加以评论。

要评论，就得验证论文，要重复别人的实验。李比希匆匆忙忙地做着，常常出错，导致他所写的评论不准确。于是，李比希遭到许多人的指责。

好在李比希是个爽快的人。别人的批评即使很尖锐，只要说得对，他就接受。他说，他追求真理，服从真理。

渐渐地，他变得细心起来。

1837 年，李比希访问了英国。

在英国的所见所闻，使他深为激动。他曾说：

"我乘的是火车，这就是文明！每小时行驶 10 英里（1 英里 ≈ 1.6 千米），用鸟飞的速度前进！我激动得像个小孩子一样，简直高兴得跳起来！"

有一次，英国同行陪他到一家工厂考察。这家工厂正在生产蓝色绘画颜料"柏林蓝"。他看到工人们把原料倒入大铁锅之后，一边加热，一边用铁棒吃力地搅拌着溶液，发出很大的响声。一位工长告诉李比希："搅的响声越大，柏林蓝的质量就越好。"

李比希细心地听着。回去以后，他一直在思考这个问题：为什么搅拌的声音越响，柏林蓝的质量就越好呢？

后来，他终于查出原因，写信告诉那家工厂："用铁棒搅拌使铁锅作响，无非是使铁棒和铁锅摩擦，磨下一些铁屑来，使它与溶液化合。如能在生产时加入一些含铁的化合物，不必用力摩擦铁锅，柏林蓝的质量同样会提高。"

那家工厂照李比希的话去做，果真，柏林蓝的质量得到了提高，从此工人们的劳动强度也大为减轻了。

两次论战

　　李比希和维勒是好朋友，他们之间有过激烈的论战。李比希虽然没有在贝采利乌斯身边学习过，但是他也非常尊敬这位化学界的前辈，把他作为自己的老师。他与贝采利乌斯之间常常通信。但在他们之间，也曾有过尖锐的论战。

　　第一次论战是从 1836 年开始的，李比希和贝采利乌斯争论了 10 多年。

　　那时候，人们发现一种奇特的化学现象：一杯双氧水，安安静静地搁在那里，如果放进一块铂（白金），马上会气泡翻滚，放出氧气。反应结束后，铂好端端的，未损一根"毫毛"！

　　说是铂参加反应了吧，可它好端端的，一切如旧；说铂没有参加反应吧，可是，铂一放进双氧水，立即气泡翻滚，把铂一取出来，气泡便不见了。

　　这是一种什么样的化学反应呢？

　　1836 年，贝采利乌斯发表了论文，第一次提出新名词——"催化反应"。他认为，催化反应是"在这样一些物质的参加下引起的，这些物质的成分不包含在最后产物中，因此它们在反应中没有被利用"。他还认为，催化反应是在"催化力"的作用下发生的，而"催化力"是对原子极性的某种影响，它可以增大、缩小或改变这种极性……

　　李比希强烈地反对贝采利乌斯的观点。他发表论文，认为接受"催化力"这个概念，"会导致以一个未知解释另一个未知"。

他们激烈地争论着。论战把讨论引向深入，使人们逐步深入了解催化作用原理。论战表明，贝采利乌斯的许多观点是可取的，而李比希也在论战中不断修正自己的观点，使理论得到完善。

如今，"催化化学"已成为化学中一个新的学科。人们谈论起这门新学科时，称赞贝采利乌斯与李比希的论战本身就是一种"催化剂"，加速了"催化化学"的诞生。

另一论题的论战从 1843 年一直延续到贝采利乌斯去世。

"有机化学"这一概念，是贝采利乌斯首创的，是他对化学的重大贡献。

紧接着，他提出了关于有机化合物的理论。他认为，在有机化合物中，氧是最重要的元素❶。所有的有机化合物，都是由带负电的氧和带正电的"复合基"这两部分组成的。贝采利乌斯的这一理论，称为"二元论"。

令人意想不到的是，法国化学家杜马从一件生活小事入手，使"二元论"难以自圆其说。

那是在 1843 年，杜马到王宫参加舞会。那时候没有电灯，王宫里点了数百支蜡烛。别人忙于跳舞，杜马却注意到蜡烛散出来的气味。咦，怎么有点儿刺鼻？

杜马仔细了解，得知原来那些蜡烛是用蜂蜡制成的，曾用氯气漂白。

奇怪，用氯气漂白以后，氯已经散失了，蜡烛怎么还会有刺鼻的气味呢？

杜马从舞会上的蜡烛进行"推理"，认为很可能在漂白时，氯取代了蜡烛中的氢。

---

❶ 后来，科学家证明，在有机化合物中，碳是最重要的元素。

　　杜马进一步用醋酸进行试验，通入氯气以后，制得了氯醋酸。氯，可以取代醋酸中的氢，生成氯醋酸。这么一来，证明了有机物未必是由氧的"复合基"组成的。因为氯是带负电的，按照贝采利乌斯的理论，应该取代氧，而不应该取代带正电的氢。杜马的发现，是对"二元论"的莫大的打击。

　　可是，贝采利乌斯不认输，想出各种各样的理由进行解释，依旧维护着"二元论"，犹如他顽固地维护"生命力论"一样。

　　李比希参战了。他鲜明地支持杜马。

　　李比希很诚恳地向贝采利乌斯指出："我们争论的焦点在于，你主张维持你原有的理论，而我主张把它改进和进一步发展。"在争论中，贝采利乌斯明显地错了，陷入了困境。他在晚年，变得越来越保守，缺乏自我批评精神，固执己见。

　　李比希眼看贝采利乌斯步步败退，赶紧写信给维勒：

　　贝采利乌斯在为一场输了的事业而战斗……我恳求你，亲爱的维勒，为了我们最尊敬的老师，你去进行干预吧！

　　可惜，贝采利乌斯连维勒的话都没有听进去。一直到去世，贝采利乌斯仍坚持错误的"二元论"。

　　李比希像维勒一样，"吾爱吾师，吾更爱真理"。

　　尽管李比希由于脾气急躁，在化学上犯的错误比贝采利乌斯要多得多，然而他从不坚持错误。这一点特别难能可贵！

　　在这场激烈的论战中，还发生了一段有趣的小插曲。

　　杜马能够从蜡烛的气味中，发现重要的线索，这说明杜马非常细心，而发现这一线索也让他声名大噪。这下子，杜马很快就被记者们包围，同行们也夸奖他。

杜马得意起来。对助手做的实验，他未经复核，就轻率地得出这样的结论：氯不仅能够置换有机物中的氢，还能置换碳，而且置换以后物质的性质没有明显改变。

科学的真理是很严谨的，一寸就是一寸，一尺就是一尺。真理向前跨进了半步，便会成为谬误。

杜马因细心而发现真理，紧接着，又因粗心而失去真理。

就在这个时候，德国的一家科学杂志，发表了一篇奇特的论文。论文中说：

根据来自伦敦的最新消息，英国化学家们已能够把棉纤维中所有的原子用氯置换，而它的性质不变。据说，在伦敦的商店里已出售一种由纯粹氯制成的布匹，这种布匹极其适宜于缝制睡帽、衬裤和极为优良的暖和的腹带……

论文的作者，是 S.C.H.Windler。

论文发表后，在化学界传为奇闻、笑谈。因为谁都未见过这种纯粹氯织成的布匹。人们纷纷打听，这位 S.C.H.Windler 究竟是谁。

过了好久，人们才明白，如果把 S.C.H.Windler 所有的字母一起拼读，谐音便是德语中的"骗子"！

论文的真正作者，出乎人们的意料，竟是李比希！当时，李比希跟杜马发生了激烈的论战。李比希坚持，氯绝不能把有机物中的碳一一置换。为了抨击杜马，李比希"创作"了那篇用 S.C.H.Windler 署名的，近似于讽刺小说的化学论文。

李比希的这种做法当然不足取。不过，从中也可以看出他的性格和当时论战的激烈程度。

心理学家曾把人的性格分为三类：A 型文静含蓄，B 型活泼开朗，C 型易争好斗。如果维勒的性格属于 A 型的话，那么李比希的性格就属于 C 型了。

农业化学的鼻祖

李比希和维勒曾有过密切的合作，共同发表了几十篇论文。后来，维勒转向有机化学研究，李比希则转向农业化学研究，尽管他们依旧那样亲密无间，但是共同合作得不多了。

那时候，农业化学是一片无人涉足的处女地。

这是一种十分奇怪的现象：尽管每个人都离不了穿衣吃饭，而衣服和粮食又都离不了农业，可是，在化学家中几乎没有人愿意研究农业！为什么呢？据说那是因为农业化学没有什么"理论价值"……

正因为没有人研究农业上的化学问题，所以千百年来，一直流传着十分奇怪的"理论"：人和动物总是以有机物（即植物和动物）为食物，庄稼也是以有机物为"食物"（即肥料）。

于是，人们只往田里施绿肥，施粪肥。可是，光施这些有机肥，庄稼的产量并没有明显的提高。

庄稼喜欢"吃"什么呢？

庄稼是"哑巴"，不会回答。

李比希为了探索庄稼的秘密，1837 年在吉森大学附近雇人开垦荒地，种上了庄稼。他给庄稼"吃"各种各样的"菜"——无机盐，以便弄清庄稼的"胃口"。哪块地里的庄稼长得茂盛，就说明庄稼喜欢"吃"什么。

很快，李比希发现，庄稼非常喜欢吃"钾"和"磷"。

在农业化学上，这是具有重大历史意义的发现！

为了给庄稼大量供应钾肥，李比希办起了钾肥厂。农民们听说钾肥能增产，闻讯而来，向李比希订购钾肥。

就这样，李比希获得了生产钾肥的专利权。

消息传到英国，一个叫莫斯普拉特的商人向李比希购买了专利权，办起了钾肥厂。

李比希还发明了制造磷肥的方法。

如果说，许多化学家所研究的定律、结构、化学成分之类还只有理论意义的话，那么李比希的这些研究就具有重大的现实意义。他的著作《化学在农业中的应用》成了畅销书，几天内就销售一空。

一位评论家曾这样评论道：

"世界上没有任何学者对于人类的贡献，能与李比希相比！"

这话固然有点偏颇。不过，李比希的研究工作，使庄稼的产量成倍增长，造福于全人类，这不能不说是他的巨大贡献。

平心而论，李比希所做的实验，并不太高深，也不太复杂，要查清庄稼需要"吃"什么并不太难。问题是当时的化学家们瞧不起这样的研究工作，以为没有"理论价值"，而李比希勇于冲破习惯的偏见，让化学为千百万人的穿衣吃饭问题服务。

李比希成了农业化学的开山鼻祖。

李比希的一生，写了 318 篇论文，在分析化学、有机化学、生物化学方面，也做出了许多贡献。他与维勒齐名，也获得了许许多多荣誉头衔、奖章、奖金。1845 年，德国政府封他为男爵。

李比希同样培养了一大批年轻的化学家。在他的学生中，有著名法国化学家查理·武慈，英国化学家爱德华·福兰克兰，德国有机化学家赫尔曼·费林，德国分析化学家卡尔·弗雷泽纽斯，法国化学家查理·日拉尔，意大利化学家阿斯卡尼奥·索布雷罗，俄国化学家沃斯克列辛斯基……

李比希心直口快，胸无城府，常与人争论，以致他的论敌达几十个之多！他花费很大精力与人展开论战。晚年，他患上了失眠症。

李比希在 23 岁时结婚，妻子叫亨利艾塔·莫顿豪尔。他们有五个孩子。

尽管李比希曾一再说过这样的话："一个人应该从事创造性的劳动，但是也应该善于休息。"然而，他经常从黎明工作到黄昏，又从黄昏工作到黎明，以致连他的仆人都常常这样抱怨：

"您整天都在实验室里工作，导致我简直没有机会等您不在时打扫它！"

1873 年 4 月 18 日，李比希因患肺炎在慕尼黑去世，终年 70 岁。

关于贝采利乌斯、维勒和李比希的故事，写到这儿，该画上休止符了。

如果你把刚才读过的故事，在脑海中"过电影"，一定会发现，他们三人性格迥异——贝采利乌斯严谨细致，维勒冷静温和，李比希热情奔放；他们三人出身不同——贝采利乌斯出身清贫之家，维勒诞生于富豪望族，李比希出自小康之家。然而，他们三人又有许多共同点：

他们都从小爱化学，是小化学迷；

他们作为师生、挚友，都曾有过争论，但是争论增进了友谊，争论促进了科学发展；

　　他们都把毕生精力献给了化学，贝采利乌斯在 50 多岁才算"有点儿空"成了亲，维勒"一生无日不在化学之中度过"，李比希"整天都在实验室里工作"；

　　他们三人都很注意培养人才，培养青年一代……

　　正是因为他们都具有这些优秀的品格，所以他们的名字一直在化学史上放射出夺目的光芒。

　　也正因为这样，尽管他们离开人世已经 100 多年，关于他们的故事还值得写成书，还值得向你介绍……

无畏的探索者

 ## 不可思议的东西

你看过电影《血的秘密》吗？那位著名的血型专家杨斯基突然心脏病发作，他的助手赶紧去买硝酸甘油药片。但当药片买到的时候，杨斯基已经离开了人世，助手为自己迟到了一步而泪水湿襟，悔恨不已……

硝酸甘油，化学学名叫甘油三硝酸酯，俗名叫硝化甘油。它具有扩张血管的作用，所以成为医治心脏病的特效药，至今有的心脏病患者口袋里，还总是放着硝酸甘油药片，以便在发生紧急情况时服用。

也许这会使你感到惊讶：这种治疗心脏病的特效药，居然跟炸药结下了很深的友谊，以至于如今一谈到无烟炸药的发明，就不能不提到硝化甘油……

说来话长——

1847 年，意大利青年化学家阿斯卡尼奥·索布雷罗把纯甘油滴入浓硫酸与浓硝酸的混合液中，经过搅拌后，发生了化学反应，有一种油状的液体出现在容器的底部。

这种油状的液体，就是硝酸甘油。人们用酒精冲稀硝酸甘油，把它作为治疗心脏病的特效药。

一件意外的事情发生了：有一次，索布雷罗想制取纯净的硝酸甘油，就把它加热、浓缩，结果"轰"的一声，硝酸甘油爆炸了，把玻璃烧杯炸了个粉碎，也炸伤了索布雷罗的手和脸。

治疗心脏病的药物会爆炸？这在当时简直是不可思议的事情。

于是，硝酸甘油就得到了一个特别的名号，叫作"不可思议的东西"！

这个不可思议的东西非常厉害，动不动就会"发脾气"——爆炸。谁要是去碰它，研究它，谁就可能丧生！

就在这时，有一个勇敢的瑞典青年科学家，却冒着生命危险，开始进行"驯服"硝酸甘油这匹"烈马"的工作。

 危险分子

这位瑞典青年科学家，就是阿尔弗雷德·贝恩哈德·诺贝尔。

1833 年 10 月 21 日，诺贝尔诞生在瑞典首都斯德哥尔摩。

诺贝尔的父亲尹木纽·诺贝尔是一个水手，后来当过建筑工程师。一次火灾中，他的财产被烧毁，只好借债度日。在诺贝尔 4 岁的时候，老诺贝尔离别了妻儿，离别了祖国，到芬兰谋生。不久，又去了俄国。在那里，老诺贝尔发明了水雷，受到了俄国皇室的重用。

诺贝尔有两个哥哥、一个弟弟。诺贝尔 8 岁的时候，在斯德哥尔摩的雅拉布小学读书。他只念了一个学期。由于老诺贝尔在俄国找到了工作，全家就搬到圣彼得堡。

到了圣彼得堡，诺贝尔听不懂俄语，没办法上学，只好跟两个哥哥一起，在家自学。从此，诺贝尔就没有进过高等学校。他的学问，全靠自学得来。

由于老诺贝尔研究水雷，诺贝尔对炸药产生了莫大的兴趣。

1860 年，诺贝尔从杂志上看到了意大利化学家索布雷罗所写的关于硝酸甘油的论文。在论文中，索布雷罗除了大段大段地讲述硝酸甘油的性质及可作治疗心脏病的药物外，还谈到了那次爆炸。他写道：这种液体会因加热或震动而爆炸，将来能做什么用途，只有将来的实验能告诉我们。

索布雷罗的这段话，引起了诺贝尔的注意。他想，硝酸甘油能够爆炸，能不能把它用来制造炸药呢？

于是，诺贝尔开始着手制造硝酸甘油。不过，硝酸甘油是液体，使用不便。诺贝尔就把硝酸甘油与黑火药混合在一起，做成炸药。

诺贝尔的父亲和兄弟，也帮助诺贝尔一起研究这种新的炸药。

然而，研究炸药是一项非常危险的工作。

1788 年，法国著名化学家贝索勒曾发现，用氯酸钾代替硝酸钾来制造黑火药，可以增加它的爆炸力。

于是，贝索勒邀请了法国著名化学家拉瓦锡以及许多政界要人，前来观看他所研究的新炸药。

贝索勒忙于招待客人们吃饭，只有他的助手在那里制作混合炸药。这时，有一位工程师和一位富绅的女儿吃完饭后，也踱过去观看贝索勒助手的工作。

"轰！"炸药在混合过程中，不慎爆炸了。贝索勒的助手、工程师和那位富绅的女儿，全都死于非命。

正因为这样，许多人不敢研究炸药，对炸药望而生畏。

许多人好心劝告诺贝尔："不要去干这种危险的工作。当你研究炸药的时候，死神就站在你的背后！"

诺贝尔却笑了笑，不以为然。

不幸的事情果然发生了。

1864 年 9 月 3 日，在诺贝尔的实验室里，硝酸甘油猛烈地爆炸了，炸死了诺贝尔的四个同事，他的弟弟埃密·诺贝尔也被炸死了。当时，诺贝尔正巧因忙于他事，不在实验室里，幸免于难。

这次重大事故，使老诺贝尔受到很大的打击，病倒了。

诺贝尔在掩埋了同事和弟弟的遗体之后，毫不气馁，又开始着手研究炸药了。他是一个不屈不挠的人。他坚信，在"驯服烈马"的时候，会发生摔伤以及摔死的事情，但是只要你勇敢地坚持下去，"烈马"总是可以驯服的。

为了不至于危及四邻，诺贝尔来到斯德哥尔摩郊区的马拉湖，租了一艘平底船，在船上进行各种试验。

就这样，诺贝尔在船上制成了大量的硝酸甘油，用它作为炸药。人们把这种油一样的炸药，称为"炸油"。

实验证明，炸油的爆炸力，比黑火药要大得多！它在爆炸时，体积要猛然增大 10 400 倍。

这样一来，许多国家向诺贝尔订购炸油，于是，诺贝尔办起了生产炸油的工厂。

马车夫的启示

就在诺贝尔的炸油工厂开办不久，一连串沉重的打击相继而来：1865 年 12 月，美国纽约市的一家旅馆门前，发生了一次猛烈的爆炸，炸出了一个一米多深的坑。剧烈的爆炸声震坏了好多窗子的玻璃。人们查明，原来这是一个德国人携带着约 4.5 千克硝酸甘油朝旅馆大门走去，突然"轰"的一声，德国人当场被炸死。经调查，这个人所带的硝酸甘油是诺贝尔工厂生产的。

1866 年 3 月，澳大利亚悉尼城的货栈被炸毁，损失惨重。经查明，爆炸是由货栈里的两桶硝酸甘油引起的，生产者为诺贝尔工厂。

1866 年 4 月，在巴拿马的大西洋沿岸，一艘名叫"欧罗巴"号的轮船被炸毁，沉入海底，乘客 74 人丧命。这艘船上所携带的货物中，就有诺贝尔工厂生产的硝酸甘油。

紧接着，美国旧金山的一座仓库又发生剧烈的爆炸，14 人当场死亡。爆炸是由诺贝尔工厂生产的硝酸甘油引起的！

…………

这么一来，诺贝尔工厂的信誉扫地，人们纷纷要求诺贝尔赔偿损失。"炸油"无人敢买。

英国政府颁布命令，禁止生产、销售和运输硝酸甘油。

法国、葡萄牙政府，也相继颁布了类似的禁令。

人们纷纷指责诺贝尔，指责那位首先发现硝酸甘油的索布雷罗，并把诺贝尔称作"贩卖死亡之神的商人"。

对于接二连三的爆炸事故，诺贝尔当然是痛心疾首的。不过，他并没有灰心。他想：硝酸甘油炸毁了仓库和轮船，这本身就说明硝酸甘油具有很强大的摧毁力，是一种很好的炸药。问题是这种炸药的"脾气"太暴躁，受热或受到稍微的震动，就会爆炸。关键就在于怎样寻找到一种方法，使硝酸甘油变得"听话"——在平时不爆炸，只有在起爆时才爆炸。也就是说，要使硝酸甘油在平时像绵羊一样温驯，而在需要它爆炸时，却像狮子一样勇猛！诺贝尔刻苦地钻研着"驯服"硝酸甘油的方法，费尽了心力，却怎么也找不到它。

有一次，诺贝尔在海滩上散步。这时，传来了一阵"嘚，嘚"的马蹄声，一辆马车迎面而来。

诺贝尔一眼就看到，马车上装着许多罐子——这是他所熟悉的装硝酸甘油的罐子。有几个罐子已在运输途中被震裂了。

当马车从诺贝尔身边经过的时候，诺贝尔猛然叫住了马车夫。

诺贝尔为什么叫住马车夫呢？

原来，他所担心的事并没有发生，只见那些罐子之间塞着什么东西，而这些东西是他所不认识的。

"这是什么？"诺贝尔问道。

"你不知道？这是硅藻土啊！"马车夫答道，"塞上硅藻土以后，可以防止罐子互相碰撞。再说，万一罐子破裂了，硝酸甘油流出来，就被硅藻土吸收了，不会到处流淌。"

马车走远了，诺贝尔还呆呆地伫立在海边，反复思索着马车夫刚才说过的话。

真是"踏破铁鞋无觅处，得来全不费工夫"，马车夫的话，给了诺贝尔极大的启示。诺贝尔想：马车上的硅藻土，已经吸足了硝酸甘油，却安然无事，不会爆炸。硅藻土是一种质地松软、多孔的东西，如果用它吸收硝酸甘油，制成炸药，岂不就解决了大问题？

硅藻土是由硅藻沉积而成的，在德国、瑞典等地有许多天然的硅藻土。诺贝尔经过反复的试验，终于制成了两种新式炸药，一种是由 70% 硝酸甘油和 30% 硅藻土做成的，另一种是由 60% 硝酸甘油和 40% 硅藻土做成的。这两种炸药果真具有"绵羊"和"狮子"的双重性格，在平时它们像绵羊，而在起爆时却像雄狮。

不过，尽管诺贝尔到处宣传他制成的新式炸药的优点，但那些被硝酸甘油炸怕的人，还是怀疑他这个"贩卖死亡之神的商人"的话。这正应了一句谚语：一朝被蛇咬，十年怕井绳！

事实胜于雄辩。诺贝尔决定用事实来说服那些怀疑者。

诺贝尔向许多企业界及政府的重要人物发出了邀请信，在英国的一处矿山上，进行现场表演。

到了那一天，果真有许多人来到了那座矿山上，连正在矿上工作的工人们也上了山，前来观看诺贝尔的表演。

这天，诺贝尔当众进行了三项表演：

第一项，把 4.5 千克新式炸药放到柴上烧，居然平安无事。

第二项，把 4.5 千克新式炸药，从高高的峭壁上扔下去，竟然没有引起爆炸。

第三项，把 4.5 千克新式炸药埋入地下，用引爆剂引爆。果然，随着"轰"的一声巨响，地面上被炸出了一个大坑！

真是"耳听为虚，眼见为实"，人们亲眼见到以后，这下子可就相信了！

就这样，英国、葡萄牙、法国等国家的禁令，又一个接一个地相继取消了。诺贝尔的新式炸药开始大量生产，得到了广泛的应用。

 ## 又触动了灵感

诺贝尔是一个永不满足、进取不止的人。尽管他用硝酸甘油和硅藻土制成了新式炸药，誉满世界，可是他一点儿也不满足于已有的成绩。在硝酸甘油中掺入硅藻土以后，炸药虽然变得很安全了，但它的爆炸力却降低了。

诺贝尔又面临着一个新的课题：制造威力更强大的炸药！

诺贝尔在实验室里进行了一次又一次的实验，但一直没有获得成功。

又是一件偶然的小事，给了他新的启示。

1875 年的一天，诺贝尔在实验室里工作时，不慎割破了手指。他赶紧蘸了一点儿胶棉，涂敷在伤口上。

胶棉是一种黏稠的液体，涂在皮肤上会凝固成一层薄膜，保护伤口。

入夜，伤口仍然很疼痛，诺贝尔辗转反侧，不能安睡。凌晨四点半，他借助晨光看了看伤口，那胶棉猛地触动了他的灵感。

他想：能不能把硝酸甘油跟胶棉混合起来，制造出一种新的炸药呢？

他赶紧起床，跑进实验室，独自实验了起来。

胶棉是什么呢？就是平时我们俗称的硝化棉或硝化纤维。它是硝酸和硫酸的混合液，再加上棉花或木屑制成的。人们早在 1832 年，就制成了这种硝化棉。

前面说到，硝酸甘油具有治疗心脏病和制造炸药这两种作用，有趣的是，硝化棉同样具有两种作用：

硝化棉本身是一种塑料。在硝化棉中加入樟脑作增塑剂，便可以制成塑料——赛璐珞。另外，硝化棉也是炸药。它在爆炸时，能放出大量的热，产生一氧化碳、二氧化碳、氮气、水蒸气等气体，同时它的体积会猛地增加 12 000 倍。

不过，硝化棉也有好多种类。用作塑料的硝化棉的含氮量很低，所以不会引起爆炸；用作炸药的硝化棉的含氮量比较高，达到 14% 左右。

在实验室里，诺贝尔把含氮量比较高的硝化棉和硝酸甘油混合，制成了一种新颖的固体炸药——"炸胶"。

第二天上午，当诺贝尔的助手——法国青年化学家华伦巴赫来到实验室的时候，诺贝尔已经试制出第一块炸胶了。华伦巴赫看到这种新的炸药时，又惊又喜。

经过试验，这种炸胶的性能非常好：

用火把它点燃，不会爆炸，性能十分稳定；浸水之后，它不会受潮；它的爆炸力，比纯净的硝酸甘油还强，当然更比加了硅藻土的硝酸甘油强了。

这么一来，诺贝尔工厂开始大量生产炸胶，广泛用于瑞典、瑞士、英国、法国、意大利等国的各种工程。它安全可靠，使用方便，爆炸力强，很受人们的欢迎。

诺贝尔从马车夫那儿得到启示，用硝酸甘油和硅藻土制成了新式炸药。诺贝尔又从手指头上涂的胶棉得到启示，制成了炸胶。尽管事情都是那么偶然，但这正是他日夜苦思冥想的结果。尽管"得来全不费工夫"，可是，在得来之前，诺贝尔曾"踏破铁鞋"呢！不"踏破铁鞋"，怎能"得来全不费工夫"呢？

 炸不死的人

也许你会感到奇怪，炸胶用火点燃后，都不会爆炸，那么，怎么用它来做炸药呢？

原来，像炸胶这样的炸药，我们叫它"第二炸药"。要使第二炸药爆炸，必须要有起爆剂（又叫作起爆炸药）。这种起爆剂，叫作"第一炸药"。

在古代，黑火药是用导火索起爆的。鞭炮的"小辫子"，就是导火索。

鞭炮的导火索制作起来很简单：用纸头卷着微量黑火药，制成纸捻就行了。

可是，炸胶即使用火点着了都不会爆炸，用导火索，当然更不起作用了。

人们寻找的是哪一种敏感的炸药，用它做起爆剂的呢？

起初，人们找到了一种非常敏感的炸药——碘化氮。人们把碘溶解在碘化钾的水溶液里，再加入浓氨水，经沉淀，就可以得到棕色的碘化氮。

碘化氮是那么容易"发怒"：

用一根鸡毛轻轻地刷一下，它就立即爆炸！有人甚至看到一只苍蝇飞到碘化氮上，那纤细的脚爪刚刚踏上去，碘化氮便"轰"地炸开了！不仅如此，用强光（如照相用的镁光灯）照射碘化氮，也会使它爆炸。

我们平时常用"火药脾气""炸药脾气"来形容一个人脾气的急躁易怒。严格地讲，应当叫"碘化氮性格""碘化氮脾气"，才比较确切呢！

碘化氮炸药实在太敏感了，无法在实际中得到应用。

于是，诺贝尔又注意到一种叫雷酸汞的灰白色粉末。

雷酸汞又叫作雷汞。雷汞也是一种很敏感的炸药。

曾经发生过这样一件事情：一位化学家的上衣纽扣扯松了，他当时没有在意。在做雷汞实验时，突然，纽扣掉了下来，落在桌子上灰白色的粉末里，那粉末顿时"轰"的一声爆炸了，炸伤了这位化学家！

所以，雷汞也是一个"脾气暴躁"的家伙。不过，比起碘化氮来，要温和一些。

雷汞在爆炸时，它的分子迅速分解，产生一个汞分子、一个氮气分子和两个一氧化碳分子。它的体积能在几百分之一秒内，猛增到几万倍！

诺贝尔试着往雷汞中掺入一些硫化物及其他化合物，这样，可以使雷汞的"脾气"变得温和一些。然后，又把它装入铅管或铜管里，再接上一根导火索。这种装有雷汞的管子，就叫作"雷管"。

点燃导火索，引起雷管里的雷汞爆炸，而雷汞的爆炸又会引起第二炸药的爆炸。雷管，是一种很理想的引导器。

诺贝尔差不多花费了两年的时间，试制雷管。这是一件十分艰难的工作：有时候，雷管还没制成就爆炸了；有时候，雷管制好后，还没等埋入第二炸药中就爆炸了；有时候，导火索点燃了，雷管没有爆炸；有时候，雷管爆炸了，第二炸药却没有爆炸……

就这样，诺贝尔试验了几百次，失败了几百次。

1867年的一天，在瑞典斯德哥尔摩的一个简陋的实验室里，传出了"轰隆，轰隆"一阵巨响！原来是雷管爆炸后，把第二炸药也引爆了，这间小小的实验室房顶被轰上了天，尘土四处飞扬。

这时，只见一个30来岁的青年，从浓烈的烟尘中冲了出来，满脸鲜血，却高兴得跳了起来，大声叫道："我成功了！我成功了！"

此人就是诺贝尔。他用鲜血和生命作为代价，研究炸药。有好多次，他被炸伤，还险些被炸死，但他依旧坚持研究炸药。正因这样，诺贝尔被人们称为"炸不死的人"！

自从诺贝尔发明雷管以后，枪、炮不再用导火索了。在射击时，只要用手一扣扳机，撞针猛地撞击雷管，引起雷汞爆炸，而雷汞的爆炸又引起第二炸药爆炸，从而产生强大的推力，把弹头推出枪膛或炮口。这样一来，打仗时，再也用不着用打火石点燃导火索了。

雷管的外壳通常是用紫铜做的，有时也用纸壳，近年来开始用塑料壳。

用来开矿、挖隧道、炸敌堡的炸药包，里面都装有雷管。当人们使用炸药包时，只要把露在外边的导火线点着，火就沿着导火线"爬"进雷管，"触怒"雷汞。雷汞一爆炸，引起整个炸药包爆炸，从而摧毁山岩，叫大自然按照人们的意志，改变面貌。

如今，有的雷管改用电起爆，更加方便。这种雷管，叫"电雷管"。电雷管中装有很细的金属丝。通电时，电流使金属丝熔断，产生电火花，使雷管起爆。

 诺贝尔奖

诺贝尔是一个靠自学成才的科学家。他把毕生的精力都献给了炸药的研究工作。

诺贝尔非常勤奋，他精通瑞典文、德文、英文、法文、俄文。他也很喜爱文学，尤其喜爱诗歌。

诺贝尔的大部分时间，是在实验室中度过的。他曾说过："一个青年人应该把精力投入到科学研究中去，不应该把宝贵的时光消磨在游牧式的生活中。"他还常说："没有工作，简直受不了！"

诺贝尔的发明很多，他一生所获得的专利权，竟达到 355 项。

诺贝尔开办了许多炸药工厂，赚了许多钱，成为世界上的巨富。但在成为百万富翁之后，他仍在实验室里忙碌着，冒着生命危险研究炸药。

到了晚年，诺贝尔患了心脏病。他用来治病的药，竟然就是用来制造炸药的硝酸甘油。

1896 年 12 月 7 日，诺贝尔在给朋友的信中还说，等他的身体稍微好一点儿，还要进行一项新的试验。

然而，3 天之后——12 月 10 日，他在法国桑雷穆的别墅里与世长辞了，终年 63 岁。

诺贝尔终生没结过婚。他在遗嘱中说，他的财产除了一小部分赠给亲友，把 920 万美元存入银行。每年用提取的利息——20 万美元，作为奖金，奖给对于物理、化学、生理或医学、文学、和平事业有重要贡献的人。不论这些人是哪一个国家的，也不论是男的还是女的，只要确实卓有成就，就可获得奖金。

这，就是著名的诺贝尔奖奖金。

从 1901 年起，每年在诺贝尔逝世的日子——12 月 10 日，瑞典国王亲手向诺贝尔奖获得者颁发奖金。

诺贝尔是一位可敬的人——他生前不怕死，死后不要钱。

从元素到
《化学元素周期表》

 ## 奇特的送殡队伍

1907年2月9日，俄罗斯彼得堡寒风凛冽，温度表里的水银柱萧瑟地缩到-20℃以下的位置。

太阳暗淡无光。街道上，到处都是蒙着黑纱的灯笼。

长长的送殡队伍，缓缓地从街上走过。沿途，不少人自动加入这支队伍，使队伍变得越来越长，达几万人之多。

送殡仪式非常奇特：队伍的最前头既不是花圈，也不是遗像，而是由十几个青年学生抬着的一块巨大的木牌。木牌上画着好多方格，方格里写着各种化学符号——"C""O""Fe""Cu""Zn"……

木牌的上方，用俄文写着：化学元素周期表。

人们之所以抬着这块大木牌，那是因为他们认为，木牌上的表格，象征着死者一生的主要功绩。

是谁离开了人世？

他就是著名俄国化学家、化学元素周期律的发现者德米特里·伊凡诺维奇·门捷列夫 ❶。

门捷列夫个子魁梧，留着长发、长胡子，碧蓝色的眼珠，长而直的鼻子，宽而广的前额。平时他穿着自己设计的，似乎有点儿古怪的衣服。他上衣的口袋特别大，据说那是为了便于放下厚厚的笔记本——他一想到了什么，总是习惯立即从衣袋里掏出笔记本，把它随手记下。

门捷列夫是在 2 月 2 日清晨 5 时，因心肌梗死而与世长辞的，终年73 岁。

人们在追悼会上，引述了门捷列夫的名言：

"什么是天才？终生努力，便成天才！"

人们追忆门捷列夫的生平，他的一生，确实是"终生努力"的一生。

门捷列夫的姐姐，回忆了七天前门捷列夫临终时的感人情景：

门捷列夫年过七旬之后，由于积劳成疾，双目半盲。然而，他仍每天从清晨开始工作，一口气干到下午 5 时多。在下午 6 时多才吃"中饭"。中饭后，又接着去工作。1907 年 1 月，新任的工业部部长去视察门捷列夫的工作，在送别部长时，朔风扑面，门捷列夫着了凉。

他终于病倒了，脸色苍白，浑身无力。

门捷列夫虽然是化学家，却酷爱文学、音乐和美术。他的妻子安娜·依凡诺芙娜·波波娃擅长画画，他病室的墙壁上挂满了妻子画的画。

他躺在病床上时，一边抽着烟，一边请别人念《北极游记》给他听。等他觉得稍微好了点儿，又挣扎着起来，伏在写字台上，孜孜不倦地写作。

门捷列夫临终的那天清晨，他依旧像平时那样，很早就起床了。他的姐姐劝他别再写了，休息几天。他不以为然地说道："没关系！"

---

❶ 门捷列夫的中译名有门得列耶夫、孟德雷叶夫、门捷列耶夫等，本书用门捷列夫。

姐姐出去了一会儿，当她回到门捷列夫的卧室时，看到他坐在椅子上，已经与世长辞了。他的手里还握着笔，他的面前是一本还未写完的关于科学和教育的著作。

门捷列夫死后，人们仔细清理了他的遗稿，发现共有 431 篇著作。其中包括物理化学著作 106 篇、化学著作 40 篇、物理著作 99 篇、地球物理著作 22 篇、工业技术著作 99 篇、社会问题和经济著作 36 篇等。

人们一边清理，一边为门捷列夫那"终生努力"的精神所感动！

就在这个时候，门捷列夫的妻子收到了俄国沙皇尼古拉二世发来的唁电："俄罗斯丧失了一个最优秀的儿子。"

人们对沙皇的唁电十分冷淡，只是耸了耸肩膀说："你瞧，连沙皇也不得不承认自己错了！"

门捷列夫被安葬在伏尔科墓地。在那里，他与著名的俄国作家屠格涅夫、杜勃罗留波夫长眠在一起。

门捷列夫逝世前，担任俄国度量衡检定总局局长。为了纪念他，人们在度量衡检定总局大楼的墙壁上，也画上许许多多方格，写上各种元素的符号——门捷列夫化学元素周期表。

许多报纸在报道门捷列夫逝世的消息时，把门捷列夫的遗像跟那张画着化学元素符号的表格登在一起。有的杂志出版了纪念门捷列夫的专辑，封面上印着门捷列夫的遗像，封底印着那张奇异的表格。人们认为：这张奇异的表格，是门捷列夫毕生劳动的结晶和最高的功绩。

门捷列夫究竟是怎样的一个人？他是怎样"终生努力"的？他怎样创立那张奇异的表格的？那张奇异的表格又意味着什么？

第十四个孩子

1834 年 2 月 7 日，在俄罗斯西伯利亚的一个小城市——托波尔斯克市，一个婴儿诞生了。

父母见到儿子平安降生，并没有流露出过多的喜悦。因为这对于他们来说，已经司空见惯了：这是他们的第十四个孩子。如果把他们由于小产或生下不久便死去的孩子计算在内，这是第十七个孩子了！然而，这个孩子却是他们的最后一个孩子。

这个孩子就是德米特里·伊凡诺维奇·门捷列夫。

孩子的父亲叫伊凡·巴甫洛维奇·门捷列夫，高高的个子，稍微有点儿驼背，眉宇间留下的深深的"川"字纹，似乎说明他的内心充满忧郁。伊凡·巴甫洛维奇是托波尔斯克的一个中学校长。他毕业于彼得堡师范学院，本来在那个条件优越的大城市工作，后来，由于他同情十二月党人❶，被调往边远的小城镇托波尔斯克。许多十二月党人被沙皇逮捕后，也被流放到托波尔斯克。

孩子的母亲叫玛丽雅·德米特里耶芙娜·门捷列夫。她的身体非常健壮，终日忙碌不息，照料着 14 个孩子。她很聪明，也很能干，性格爽朗乐观。

就在门捷列夫出生的那一年，这个多子女的家庭遭到了很大的不幸——父亲伊凡·巴甫洛维奇双目失明，不得不停止工作。

---

❶ 十二月党人，是指参加 1825 年俄国俄历 12 月 14 日起义的革命党人。

这是一个沉重的打击。伊凡·巴甫洛维奇不仅没有了收入，而且还要支出一笔数目不小的医药费，治疗他的眼睛。尽管许多被流放的十二月党人都很同情他，可是，他们都是穷朋友，无能为力。

怎样才能维持这个子女众多的大家庭呢？玛丽雅·德米特里耶芙娜挺身而出。这位刚强能干的妇女，不仅担负起照料14个子女和失明的丈夫、处理繁重家务劳动的重担，还解决了家庭的经济困难。

在离托波尔斯克30多千米的阿列姆北雅恩斯克，有一家又破又小的玻璃工厂。这本是玛丽雅·德米特里耶芙娜的哥哥华西里·德米特里耶维奇·科尔尼里也夫经营的，这时让给了她。于是，玛丽雅·德米特里耶芙娜便带领全家，搬到了这个小小的、荒凉的村庄。

玛丽雅·德米特里耶芙娜怀里抱着出生不久的门捷列夫，奔走在那座小小的玻璃工厂里。经过她的整顿，玻璃工厂的生产大有起色。这家小工厂开始专门生产当时市场上缺货的药瓶和药房用的玻璃器皿，很快就打开了销路。门捷列夫的哥哥、姐姐都成了这家工厂里的工人。就这样，玛丽雅·德米特里耶芙娜让全家度过了困难的时刻，并让丈夫得到治疗，丈夫的视力开始恢复。

幼小的门捷列夫跟着妈妈，整天在玻璃工厂里东奔西走，看那些沙子经过化学处理，经过加热熔化，变成透明的液体，变成漂亮的玻璃器皿。因此，门捷列夫从小就深深地爱上了化学，也深深地爱上了劳动，还跟那些吹制玻璃的工人交上了朋友。

千里求学

1841 年，门捷列夫 7 岁了，到托波尔斯克小学读书。

在中学时代，门捷列夫由于身体太弱，常常生病。不过，他的记忆力很不错，又很善于分析问题。他很喜欢化学、物理、数学和地理，但是很不喜欢拉丁文课。

在中学里，数学和物理教师鲁米里与历史教师多伯罗堆托夫，都很喜欢门捷列夫，给了他许多帮助。回家后，生病在家的父亲，也常帮门捷列夫复习功课。

门捷列夫很喜欢大自然，喜欢旅行。他的中学教师、作家彼得·巴甫洛维奇，曾带领他做过一次长途旅行，收集了不少花卉、昆虫和岩石标本。

门捷列夫曾说过这样的话："耐心地追求科学真理，用顽强、孜孜不倦的劳动去得到真理。"他也从中学时代开始，就展示出了顽强学习的精神，几乎读完了学校图书馆里所有的藏书。

由于学习成绩优异，门捷列夫获得了奖学金。

然而，在门捷列夫 13 岁的时候，不幸的事情再一次发生了——父亲病故。紧接着，母亲的得力助手、门捷列夫的大姐，也离开了人世。

母亲非常疼爱门捷列夫，尽管家庭经济十分困难，她仍让门捷列夫念完了中学。

1849 年，门捷列夫念完了八年级，从托波尔斯克中学毕业了。❶

---

❶ 这是沙皇时代的学制，8 年毕业后，即可直接升入大学。

　　这年夏天，由于门捷列夫的哥哥、姐姐们大都已成人，离开了托波尔斯克，只留下两个最小的孩子——丽查和门捷列夫。为了使门捷列夫能够念上大学，玛丽雅·德米特里耶芙娜在朋友的帮助下，决定搬往莫斯科。

　　于是，门捷列夫开始了生平第一次远行。他跟随着母亲和姐姐丽查，坐上马车，千里迢迢，从西伯利亚驶向莫斯科。沿途，门捷列夫大开眼界，看到了逶迤起伏的大森林、一马平川的大草原、各式各样的城镇和咆哮奔腾的河流。

　　好不容易到了莫斯科，可是，莫斯科大学不收他——因为他毕业于偏远的西伯利亚小城镇，不能在莫斯科上大学。

　　玛丽雅·德米特里耶芙娜非常喜爱她最小的儿子，1850 年又带着他上彼得堡去。然而，彼得堡大学也瞧不起这个来自穷乡僻壤的学生，不同意他报考。

　　听一位朋友说，彼得堡医学院可能招考的条件低一点，玛丽雅·德米特里耶芙娜到那里好说歹说，总算说妥了。然而，好事多磨，门捷列夫一走进医学院外科解剖室，看到死人、鲜血，立即昏倒在地上。医学院马上把门捷列夫赶出门，说他连做一个外科医生的起码条件都不够。其实，这是门捷列夫有生以来，第一次看到手术室吓人的场面，一下子受不了。

　　没办法，母亲再度为小儿子的入学问题奔走。她想到丈夫毕业于彼得堡师范学院，就把儿子送到那里。在老朋友的帮助下，门捷列夫总算进了师范学院。

　　这时玛丽雅·德米特里耶芙娜更加穷困潦倒，她只好紧缩一切开支，在彼得堡租了一小间房子，勉强过活。

　　彼得堡师范学院的要求非常严格，不收走读生。门捷列夫不得不住在学校，难得获准请假，去看望母亲。

　　最不幸的事情第三次降临到这家人身上：玛丽雅·德米特里耶芙娜在

长途奔波、过度劳累之下，得了伤风病。她的身边，只有门捷列夫最小的姐姐丽查照料着。1850 年 9 月 20 日，这位辛勤慈祥的母亲病逝了。

这时，门捷列夫刚刚跨进大学之门。这个打击对他来说确实是太沉重了。

玛丽雅·德米特里耶芙娜在临终时，给门捷列夫留下这样的遗言："不要欺骗自己，要辛勤地劳动，而不是花言巧语。要耐心地寻求真正的科学真理！"

后来，门捷列夫在 1887 年所著《对水溶液比重的研究》一书的序言里，曾以这样诚挚、深沉的语言，悼念他死去的母亲：

这部作品是作为最小的孩子纪念自己的慈母而写的。只有慈母以自己的辛勤劳动经营工厂，才能使儿子长大成人。她以身作则来教育儿子，并以慈爱来纠正儿子的错误。她为了使儿子献身于科学，毅然离开了西伯利亚，并不惜倾其所有、竭尽全力，使儿子步入大学之门。

在母亲逝世后一年半，1852 年 3 月，门捷列夫最小的姐姐丽查也不幸逝世，只留下门捷列夫孑然一身在彼得堡求学。

后来居上

刚跨入彼得堡师范学院的门捷列夫，在学习上很吃力。

门捷列夫来自穷乡僻壤，那里的教学水平比较差。入学不久，母亲的病逝又使他陷入极度痛苦之中。因此，大学第一学年，门捷列夫的学习成绩很差，全班 28 名学生，期终考试时，门捷列夫名列第 25 名。

门捷列夫决心奋起直追，他整天沉浸在学习之中。

彼得堡师范学院的化学教授亚历山大·阿伯拉莫维奇·伏斯科列森斯基，给了门捷列夫深刻的影响。这位著名的教授同时在六所大学兼课。后来门捷列夫在回忆这位老师时说："别人谈论的往往是科学事业中的巨大困难，然而在实验室里，伏斯科列森斯基教授常常教导我们'馅饼不是从天上掉下来的'。"门捷列夫还说："我是伏斯科列森斯基的学生，我很清楚地记得，他在讲课时的那种真实纯朴的诱导力和经常督促大家独立研究科学资料的精神，他用这些吸引了许多新生力量参加化学研究工作。"

果真，在伏斯科列森斯基的引导下，门捷列夫被吸引到化学上来，开始对化学产生独特的兴趣。他立志做一个化学家！

门捷列夫勤奋地学习着。他异常贫困，父母双亡，靠着奖学金维持生活，连参考书都买不起。在念大学三年级的时候，他得了严重的喉头出血症，病得很厉害，以致医生把他当作垂危的病人来护理。然而，门捷列夫最终战胜了疾病，并在病床上坚持学习，写论文。

在 20 岁的时候，门捷列夫写出了生平第一篇化学论文《芬兰褐帘石的化学分析》❶，显示了他的科学才能。伏斯科列森斯基和另一位教授库托尔加审查了论文，非常赞赏，在门捷列夫的论文上写下了这样的评语：这一分析做得这么出色，值得登载在俄罗斯矿物学会刊物上。

紧接着，门捷列夫支撑着病体，又完成了第二篇化学论文《从鲁斯基拉到芬兰的辉石》。

1854 年，门捷列夫开始写毕业论文《论同晶现象与结晶形状及其组

---

❶ 这里提到的褐帘石和下面提到的辉石都是矿石，门捷列夫在论文中分析了这两种矿石的化学成分。

成的其他关系》。他曾这样谈及写毕业论文的经过："师范学院要求提出自己的毕业论文题目时，我选择了同晶现象。我之所以对这个主题感兴趣，是因为我在第一篇和第二篇论文中已对它做了描述，而且我觉得这个题目在自然科学历史方面是个很重要的题目……写这篇毕业论文，使我对化学研究工作产生了更加浓厚的兴趣。因此这篇论文确定了许多的东西。它是在1854—1855年写成的。"

1855年，门捷列夫毕业于彼得堡师范学院。

一年级时，门捷列夫的学习成绩在班上是倒数第4名，毕业时却后来居上，跃居第1名，荣获金质奖章！

门捷列夫是在承受亲人接连病故的巨大打击中后来居上的；

门捷列夫是在贫穷困苦的恶劣环境中后来居上的；

门捷列夫是在几度病倒的情况下后来居上的。

在门捷列夫毕业时，一位科学院院士曾写下这样的评语："我很高兴听到学生门捷列夫解答的一些化学问题。我相信这个青年非但完全掌握了化学知识，并且甚至已经认识到这门学科最新的发展方向……"

门捷列夫的毕业论文在1856年发表于《矿业杂志》，并在同年出版了单行本。

 年轻的教授

门捷列夫毕业后，第一次走出校门，踏入社会，就遇到了"怪事"：本来，由于门捷列夫学业成绩优秀，彼得堡师范学院是准备把他分配到敖德萨工作的。敖德萨是个文化中心，那里有较好的科学研究工作条件。

然而，当时的国民教育部却把门捷列夫分配到荒僻的辛菲罗波尔的一所中学。不知道是国民教育部在分配时出了疏漏，还是其他原因，把门捷列夫同一个叫雅恩古维恩的毕业生的分配地点交换了——结果把本来应分配到辛菲罗波尔的雅恩古维恩，分配到敖德萨，而门捷列夫却来到动乱之中的辛菲罗波尔。

辛菲罗波尔位于克里米亚的塞瓦斯托波尔附近。当时，英国、法国、土耳其（奥斯曼帝国）、撒丁王国联军攻下了塞瓦斯托波尔。而辛菲罗波尔尚在俄军手中，社会秩序非常混乱，门捷列夫到了辛菲罗波尔，几乎没办法工作。

在那里，门捷列夫病了，他以为是得了结核病——这在当时是一种不治之症。然而，门捷列夫却遇上了一位高明的医生——比罗果夫。他经过检查，断定门捷列夫患的是瓣膜症，是可以治好的。门捷列夫找到了自己真正的病因，对战胜疾病充满了信心。后来，门捷列夫回忆比罗果夫医生时说："这才是名副其实的医生！他把病人看得非常透彻，一下子就明白了我的真正病因。"

处于战争状态的辛菲罗波尔的中学，一直没办法上课，学生们忙于逃难。1856年5月，门捷列夫重新回到彼得堡，报考硕士。

门捷列夫写出了硕士论文《论比容》。

本来，门捷列夫连彼得堡大学的大门都不能进。这一次，由于门捷列夫的论文显露了他的优异才能，经彼得堡大学校委会讨论，一致同意授予门捷列夫"物理和化学硕士"学位。这时，他只有22岁。

在获得硕士学位的第三天，门捷列夫开始写他的另一篇论文《论含硅化合物的结论》。这篇论文经过答辩、审查后，证明门捷列夫学业优秀。1857年1月，门捷列夫被提升为副教授，兼任化学系秘书。这时，他才23岁，成为彼得堡大学里最年轻的副教授。

就这样，门捷列夫开始在当时俄罗斯的最高学府——彼得堡大学工作。然而，由于沙皇不重视科学研究工作，因此即使是在这座最高学府里，实验室也非常简陋。当时，连一些最基本的实验用具，如烧瓶、试管之类的器材都很缺乏。实验室里没有通风设备，一做化学实验，有毒的气体便在室内弥漫，呛得人连连咳嗽。门捷列夫每做一会儿实验，就得赶紧跑出实验室，到外面深深地呼吸几口新鲜空气，然后又钻进那呛人的实验室。即使是下雨天或者严冬，门捷列夫做实验时，也得过一会儿就跑出来换气，那落在脸上的雨滴和寒冷的空气，倒使他的头脑一下子清醒了许多。

实验室里又暗又潮湿，没有煤气。门捷列夫做实验时，用酒精灯加热。可笑的是，实验室的看门老头儿喜欢喝酒，看中了那些酒精，常常偷偷地把酒精拿去喝了，弄得门捷列夫的酒精灯点不着——看门老头儿喝了酒精，兑上了水，怎么点得着呢？

门捷列夫就在这样艰苦的环境中，坚持进行化学实验，探索着化学的奥秘。他接连发表了好多篇化学论文和物理论文。

1859 年 1 月，门捷列夫获准到德国海德堡大学深造。他来到著名的德国化学家本生的实验室。当时，本生正和物理学家基尔霍夫合作，从事光谱分析研究。1860 年，本生和基尔霍夫用这种分析方法，发现了新元素"铯"和"铷"。

本生是个大高个儿，喜欢抽烟，而不喜欢讲话。基尔霍夫则又矮又小，非常健谈。他俩非常热情地欢迎这位来自俄国的小伙子。门捷列夫从他们那里学到了不少的东西，获益匪浅。

在海德堡，门捷列夫利用实验室中精密的德国仪器，埋头于研究毛细管现象，写出了三篇论文：《论液体的毛细管现象》《论液体的膨胀》和《论同种液体的绝对沸腾温度》。

1860 年，门捷列夫参加了在德国卡尔斯鲁厄召开的第一次化学家国际会议。

这是世界化学界的第一次盛会，各国的著名化学家云集卡尔斯鲁厄。

当时，化学界正处于混乱状态。就拿化学元素的符号来说，各国各搞一套，有时甚至在同一个国家里，不同的化学家都使用不同的化学元素符号。为了统一化学元素的符号，使各国科学工作者之间有共同的、统一的化学语言，便于进行学术交流，在卡尔斯鲁厄会议上，各国化学家共同制定和通过了世界统一的化学符号。这些符号一直沿用到今天。本书提及的化学符号——"C""O""Fe""Cu""Zn"……就是在这次会议上确定的。

卡尔斯鲁厄会议决议规定，化学元素的符号，均采用该元素的拉丁文开头字母表示。

卡尔斯鲁厄会议决议规定，如果有化学元素的拉丁文开头字母相同，那就在开头字母旁边另加一个小写字母，这个小写字母是该元素拉丁文名称的第二个字母，用来区别。

还有的化学元素的拉丁文名称第一、第二个字母均相同，那又该怎么办呢？卡尔斯鲁厄会议决议规定，用该元素拉丁文名称的第三个字母作为小写字母。

卡尔斯鲁厄会议除了对化学元素符号做出统一规定，还对原子、分子、化合价、原子量等许多化学概念进行了讨论，取得了比较一致的看法。卡尔斯鲁厄会议认定：物质是由分子组成的，分子是由原子组成的。这种学说叫作"原子－分子论"，它是现代化学的基础理论。在卡尔斯鲁厄会议之前，有许多人反对"原子－分子论"，法国著名化学家杜马甚至说："如果我当家做主，我便从科学中删除'原子'，因为我确信它是在我们经验之外的。"但经过讨论，"原子－分子论"得到大多数人的承认。

另外，卡尔斯鲁厄会议还对化合价和原子量的概念进行了讨论。由于原子的绝对质量很小，不便于用直接称量的方法测定原子的质量，人们决定以氢原子的质量为 1，来测定它们的相对质量。这相对质量叫原子量。如氧原子的质量是氢原子的 16 倍，氧的原子量便为 16。人们还发现，在化合物中，各种元素的原子是以整数结合的。如 1 个水分子，是由 1 个氧原子和 2 个氢原子组成的，氢原子的化合价为 +1 价，那么氧原子则为 -2 价。1 个氯化氢分子由 1 个氯原子和 1 个氢原子组成，氯化氢中氯为 -1 价，氢为 +1 价。当时，有人认为在化合物分子中，各种元素的原子不是按固定的比例化合的，也就是说，不存在"化合价"这种概念，经过会议讨论也逐步明确了。这次会议使化学从长期的混乱状态走向统一。

门捷列夫参加了这次国际化学盛会，结识了当时世界化学界的著名人士，听到了许多精彩的学术报告，大开眼界。

1861 年 2 月，门捷列夫回到了俄国，在彼得堡大学讲授有机化学课程。他着手给学生们写讲义。

门捷列夫工作起来，通宵达旦。他整天伏在彼得堡大学那高大的写字桌上写作。从他笔端写出的都是当时经过考虑和仔细钻研的东西。靠着他非凡的劳动能力，他能工作几个昼夜，休息却不到几小时。终于在那么一天，他大笑着走出他的办公室，手里拿着厚厚的一大叠稿子。没多久，他那本厚达 400 多页的巨著《有机化学》出版了。这是第一本用俄文出版的有机化学教科书——在这之前，彼得堡大学一直采用德国出版的有机化学教科书作为教材。

《有机化学》一书出版后，深受门捷列夫的老师、当时俄罗斯有机化学权威齐宁的赞赏。在齐宁的推荐下，门捷列夫的这本著作荣获彼得堡科学院的季米多夫奖金。

1865 年，门捷列夫写出了博士学位论文《论酒精和水的化合物》。

经彼得堡大学校委会审定后，门捷列夫获得了博士学位，并从副教授提升为教授。这时，门捷列夫只有 31 岁。

从这一年开始，门捷列夫改教无机化学课程。

 # 杂乱的无机化学

门捷列夫非常热心于教育事业。他认为，国家要兴旺发达，首先必须重视培养科学人才。门捷列夫说过这样的话："如果俄罗斯希望避免'落后者的痛苦'，如果想独立地向前发展的话，那么首先应该及早注意使本国出现自己的柏拉图和牛顿！"门捷列夫很希望在他的学生之中，出现柏拉图，出现牛顿。

无机化学课程跟有机化学课程一样，也没有俄文版的无机化学教科书。门捷列夫为了教好这门课程，开始着手写无机化学教科书。

然而，无机化学教科书却不像有机化学教科书那样容易写。门捷列夫只花了两个月的时间，就写出《有机化学》，而着手写《无机化学》，他却无从下笔！

是门捷列夫不懂无机化学吗？不，应该说，门捷列夫熟知无机化学胜过有机化学。无机化学与有机化学有很大的区别：所谓有机化合物，就是指含碳这种化学元素的化合物❶，而无机化合物通常是指不含碳这种元素的化合物。世界上由碳以外的各种元素形成的化合物，总共有 5 万

❶ 严格地说，除少数碳的化合物，如一氧化碳、二氧化碳、碳酸、碳酸盐等（这些含碳的化合物归为无机化合物）之外，其余碳的化合物均属有机化合物。

多种，而碳的化合物——有机化合物却有 300 多万种！

写《有机化学》时，门捷列夫觉得按照各种碳的化合物分门别类地写，写得很有条理。可是，无机化学却像团乱麻，毫无头绪：当时，已经知道 60 来种化学元素。这些化学元素之间有什么关系？按照怎样的体系，才能写好无机化学教科书呢？

门捷列夫早在八年前——1857 年，初任彼得堡大学副教授时，就教过无机化学。当时，他就觉得这门课杂乱无章。其实，讲课杂乱无章，是由于人们对自然界的认识还不够而造成的。从那时起，门捷列夫就在思索这一系列问题：难道氧就是氧，氮就是氮，它们之间毫无联系？难道无机世界就是这么杂乱无章？什么是化学元素间的根本规律？

其实，这些问题很早就引起化学家们的注意。早在门捷列夫之前，很多化学家就开始探索化学元素之间的规律。

法国化学家拉瓦锡，早在 1789 年，就着手把化学元素分类。可是，当时人们只知道 33 种化学元素（其中还包括一些根本不是化学元素的"热""光"之类）[1]。

拉瓦锡把这 33 种元素分成 4 类，列成一张表格——气体、金属、非金属、土质 4 类。可是，这样的分类，并没有揭示事物的本质。

1815 年，英国 19 岁的青年医生威廉·普劳特，提出一个非常大胆的观点：他认为世界上所有的元素，都是由氢原子构成的。这就是他的"氢原子构成论"[2]。每种化学元素不同，是因为原子中所含的氢原子多少不同导致的。普劳特的见解，可以说已经揭开了笼罩着无机化学世界的

---

[1] 实际上，人们在 1800 年，才发现了 28 种化学元素。

[2] 按照现代科学的观点，氢原子的原子核是由一个质子组成的。每种元素的原子中都含有质子，而且质子数正好等于该元素在周期表上的元素符号序数。如锡是第 50 号元素，它的原子核中含有 50 个质子。

迷雾，然而在当时看来却几乎是不能理解的。化学界的权威们纷纷责问普劳特："你说所有元素的原子都是由氢原子组成的，氢原子的原子量是1，为什么许多元素的原子量不是整数？比如，氯的原子量是35.5，难道它的原子是由35个半氢原子组成的？"

在当时，普劳特无法解释。所以，这种可贵的新观点也就被埋没了，无人注意。

到了1829年，人们已经发现了54种化学元素。德国化学家约翰·沃尔夫冈·德贝赖纳把其中的15种元素，按照3种元素一组，分成了5组：

锂（Li）	钙（Ca）	磷（P）	硫（S）	氯（Cl）
钠（Na）	锶（Sr）	砷（As）	硒（Se）	溴（Br）
钾（K）	钡（Ba）	锑（Sb）	碲（Te）	碘（I）

他发现，每3种元素的化学性质都很相似，称为"3素组"。

德贝赖纳还发现了一件耐人寻味的事情——就拿锂、钠、钾这个"3素组"来说吧，锂的原子量是7，钾的原子量是39，如果把锂和钾的原子量加起来除以2：

$$（7+39）÷2=23$$

很有趣，钠的原子量正好是23！

也就是说，在"3素组"里，第一种元素和第三种元素的原子量之和的平均数，正好等于第二种元素的原子量。

德贝赖纳的这一发现，使化学家们开始注意研究元素和原子量之间的关系。

不过，德贝赖纳的"3素组"只包括15种元素，而其余的化学元素无法归纳进去，那该怎么办呢？

1862年，法国地质学家尚古都把各种化学元素按照原子量的大小排列起来。很有意思，尚古都做了一个圆柱体，在上面画了一根螺纹似的螺旋线，把化学元素按照原子量的大小从下向上写在螺旋线上，把性质相似的元素都写在同一条垂线上。

紧接着，1864年，德国化学家迈耶尔在讲授无机化学课程时，为了使学生们容易理解，他在伯莱斯拉乌大学的化学教室里，挂出了他的"6元素表"。这个"6元素表"比德贝赖纳的"3素组"进了一步，每组元素从3种增加到6种，排列的顺序也是按照原子量的大小。迈耶尔把这张"6元素表"，写进了他的著作《现代化学》里。

过了两年，英国化学家约翰·亚历山大·雷纳·纽兰兹又进了一步，把"6元素"扩大成8种元素一组，称这为"8音律"。纽兰兹把化学元素按原子量大小排列起来，发现第一种元素与第九种元素性质相似，第二种元素与第十种元素性质相似……也就是说，每隔8种元素，就出现性质相似的元素，这就是"8音律"的基本内容。

然而，纽兰兹在英国化学学会上宣读自己的论文以后，却遭到了冷嘲热讽。

英国化学学会会长福斯特教授挖苦纽兰兹道："你怎么不按元素的字母顺序排列呢？那样可能也会获得相同的结果呢！"

纽兰兹的发现，已经逼近真理了，然而，纽兰兹却被那班庸人视为怪物，英国化学学会拒绝发表他的论文。

不平常的"扑克牌"

在彼得堡，门捷列夫坐在高大的写字桌前，苦苦思索着，他的面庞清瘦，眼睛里布满血丝，看起来有点儿郁闷。

"您病了，德米特里·伊凡诺维奇？"一天，数学系秘书去看望门捷列夫教授，感到十分惊讶。

"没病。我在绞尽脑汁思索这个问题！"门捷列夫说着，指了指他的写字桌。

那位秘书远远地一看，桌子上放着一张张"扑克牌"呢。

"原来，您玩扑克牌入迷啦！"秘书笑着说。

"扑克牌？"门捷列夫非常吃惊。他拿起一张纸牌，叫秘书过来仔细看看。

"哟，这是什么牌呀？我看不懂。"这位数学系的秘书连连摇头。

门捷列夫的纸牌确实很难看懂。每一张纸牌上，写着一种化学元素的符号、原子量以及主要性质。

这时，人们已发现了 63 种化学元素，其中金属元素 48 种，非金属元素 15 种。

门捷列夫想把桌子上的纸牌，按原子量的大小，排成一张表。他左排右排，始终排不好。他几天几夜连续工作，不断调换着桌子上纸牌的位置。他没有停留在"6 元素""8 音律"的逻辑上，而是在探索着化学元素之间最根本的规律。

1868 年年底，门捷列夫在一张纸上写下了一张表格——门捷列夫元素周期表的最早手稿。

门捷列夫把这张表格称为"根据元素的原子量及其相似的化学性质所制定的元素系统表",也就是化学元素周期表。

在这张表上,门捷列夫把所有的化学元素,都按原子量的大小排列起来。

这时,他发现在某个元素之后,每隔 7 个元素,便有一个元素的性质与这个元素十分相似。例如,锂与钠、钾相似,都是一价的碱金属;铍与镁、钙相似,都是二价的碱土金属;硼与铝、镓相似,都是三价,而且它们的金属性与非金属性都不很强烈;碳与硅、锗相似,都是四价,具有较弱的非金属性……

门捷列夫总结了这一规律说:"单质的性质,以及各元素的化合物的形态和性质,与元素的原子量的数值成周期性的关系。"这一规律,便是化学元素周期律。

写完后,门捷列夫把化学元素周期表的初稿散发给许多俄罗斯的化学家,征求他们的意见。

1869 年 2 月 17 日,门捷列夫正式写出第一张化学元素周期表。1869 年 3 月,俄罗斯化学学会召开。这时,门捷列夫却由于研究化学元素周期律过于劳累,病倒了。在会上,门捷列夫委托彼得堡大学门拿特金教授代他宣读了论文《根据元素的原子量及其相似的化学性质所制定的元素系统表》的报告[1]。

门捷列夫在论文中指出:

按照原子量大小排列起来的元素,在性质上呈现出明显的周期性。

原子量的大小决定元素的特征。

---

[1] 这篇著名的论文,后来以《化学元素的性质和原子量的相互关系》为题,发表于 1869 年《俄罗斯化学学会志》第 1 卷第 34—60 页。

门捷列夫的这篇论文，后来被人们誉为"化学史上划时代的文献"。然而，在当时，这篇论文并没有引起化学学会的注意和重视。相反，门捷列夫还受到了冷嘲热讽！尤其是门捷列夫的老师齐宁。齐宁是当时最有声望的俄罗斯化学家，他从一开始就不支持门捷列夫的这项研究，训斥这位青年化学家"不务正业"。在化学学会上听了门拿特金代读的论文之后，齐宁更为生气了，告诫门捷列夫道："你到了该干正事，在化学方面做些工作的时候了！"

然而，真理的阳光是任何乌云都无法遮挡的。门捷列夫是个终生努力的人，他不仅在顺利的环境中不断努力，而且在受到重重阻力时仍旧奋发向前。

 # 大胆的预言

在门捷列夫之前，尽管已有好几个人接近于发现化学元素周期律的边缘，但是，门捷列夫相较于他的同时代人，有着他的过人之处：他有极强的分析能力、坚定的自信和大胆的预言能力。门捷列夫在把化学元素按原子量的大小排成一条长队时，敏锐地发现了其中的"捣乱分子"。

就拿铟来说，它就是一个"捣乱分子"。

铟是德国化学家利赫杰尔和莱克斯在 1863 年从锌矿里发现的新元素。据他们测定，铟的原子量是 75.4。按照原子量排队，铟被排到砷的后面（砷的原子量为 75）、硒的前面（硒的原子量是 79.4）❶。可是，将

---

❶ 此处砷和硒的原子量为当时的原子量。现在经精确测定，分别为 74.92 和 78.96。

铟排在砷和硒之间，顿时使整个队伍乱套了。因为按照化学性质，砷与磷相似，硫与硒相似：

磷（P）　　硫（S）

31　　　　32

砷（As）　　铟（In）　　硒（Se）

75　　　　75.4　　　79.4

门捷列夫认为，可能是铟的原子量搞错了！他随即查阅了利赫杰尔和莱克斯的论文，发现他们原来是这样测得铟的原子量的——他们先是测得铟的当量为 37.7，因为他们认为铟是二价的，于是铟的原子量便是：

$$37.7 \times 2 = 75.4$$

门捷列夫认为，利赫杰尔和莱克斯把铟的化合价搞错了。因为铟的性质与铝相似，应当是三价，于是，铟的原子量应当是：

$$37.7 \times 3 = 113.1$$

这样一来，这个"捣乱分子"被排到镉与锡之间，于是，队伍就显得"整齐"了！

后来，事实证明门捷列夫改对了，铟的原子量是 114.818！

在门捷列夫之前，好几个人都不敢做这样大胆的改动，不敢调整那些"捣乱分子"的位置，当然排不好元素的周期表。

同样，门捷列夫还大胆地改正了"捣乱分子"铍、钛、铈、铀和铂这些元素的原子量。这样一来，化学元素的队伍排好了，就能明显地看出周期性的变化。

然而，门捷列夫遇到的最头疼的问题，要算是锌与砷之间的排列问题了。这个地方，老是排不好，因为按照原子量的大小顺序排下去，砷应当排到铝的下面，然而，砷的性质明显地与磷相似，与铝根本不同。

这该怎么办呢？

门捷列夫在翻阅那一篇篇报告发现新元素的论文时，猛地深受启发：既然人们还在不断报告发现了新的元素，可见还有许多新元素尚未被人们发现。也就是说，在给化学元素排队的时候，应当给那些未发现的新元素留好空位！

按照这样的观点，门捷列夫大胆地预言，在锌与砷之间，还有两个未被发现的新元素：

铝（Al）　　硅（Si）　　磷（P）

锌（Zn）　　?　　　　?　　砷（As）

门捷列夫把这两个未知元素，分别命名为"类铝"与"类硅"，意思是说它们的性质与铝、硅类似。他还根据同元素性质相似的原则，预言这两个未知元素的性质、化合价和原子量。

另外，门捷列夫还推测出在钙与钛之间，也有一个元素"缺席"，因为钙是二价的，钛是四价的，中间缺了一个三价的元素。门捷列夫把这个未知元素命名为"类硼"。

1871年，门捷列夫把自己这些大胆的预言，写进了论文《元素的自然系统以及它在判断未知元素的性质方面的应用》中。

由于制止了那些"捣乱元素"的捣乱，查清了那些"缺席元素"的位置，门捷列夫重新排列周期表，把类似的元素排成竖排，周期则横排，这样一来，化学元素周期表就更加清楚明白了。

1872年，门捷列夫写出论文《化学元素周期性规律》，详细论述了化学元素周期律的基本原理，并发表了他重新排成的化学元素周期表。这张周期表成了现代化学元素周期表的基础。

然而，门捷列夫大胆的预言，又一次遭到俄罗斯化学界权威人士们的嘲弄。他们把门捷列夫的新著朝地上一扔，冷笑道："化学是早已存在的物质的科学，它的研究结果是真实的、无可争辩的事实。而他却研究鬼怪——世界上不存在的元素，想象它的性质和特性。这不是化学，而是魔术！等于痴人说梦！"

不是"痴人说梦"

究竟是科学的预言，还是"痴人说梦"？

事实是科学的最高法庭。实践是检验真理的唯一标准。

1875 年 9 月 20 日，在法国科学院的例会上，法国化学家伍尔兹读了一封他的学生勒科克·德·布瓦博德朗的来信：

1875 年 8 月 27 日，夜间 3 至 4 时，我在比利牛斯山皮埃菲特矿山所产的锌矿中发现了一种新元素……

布瓦博德朗是法国人，为了纪念他的祖国，便以法国的古名——"高卢"来命名自己发现的新元素。其中文名字为"镓"。

不久，布瓦博德朗发表了论文，讲述了自己发现新元素镓的经过，并论述了镓的化学性质和物理性质。

论文发表后，没隔多少日子，布瓦博德朗收到了一封来自彼得堡的陌生人的来信。

信中这样写道：

镓就是我四年前预言的"类铝"。我预言"类铝"的原子量大约是68，您测定的结果是59.72。但是，比重❶一项，跟我的预言相差比较大，我的预言是镓的比重为5.9到6.0，您测定的结果是4.70。建议您再查一查，最好重新测定一下比重……

信尾署名"德米特里·伊凡诺维奇·门捷列夫"。

布瓦博德朗觉得奇怪，镓明明是我经过千辛万苦发现的，怎么会是你未卜先知，早就预言过的呢？

而且，使布瓦博德朗感到莫名其妙的是，当时世界上只有他的实验室里，有一块1毫克重的镓。这个远在千里之外的彼得堡的陌生人，根本连镓都没有看到过，怎么居然说他把比重测错了？布瓦博德朗简直有点儿不敢相信。

布瓦博德朗在给门捷列夫的回信中说，自己的测定不会有错。可是，门捷列夫再次写信，坚持要布瓦博德朗重新测定镓的比重。他认为，布瓦博德朗测定镓的比重跟他的预言结果不一致，是由于布瓦博德朗手中的镓不够纯净所导致的。他坚信，镓的比重应当是5.9到6.0，而不可能是别的数字！

布瓦博德朗到底是科学家，他相信那个千里之外的人是不会凭空要他重做实验的。他决定用实验来判断谁是谁非。

布瓦博德朗重新提纯金属镓，再次测定镓的比重。果真，比重为

---

❶ "比重"的规范名称现为"相对密度"。

5.96，恰恰是门捷列夫所预言的 5.9 到 6.0 之间！

布瓦博德朗大为震惊。他异常兴奋地立即给门捷列夫写信，甚至比他发现镓时给他的老师伍尔兹写信时还要兴奋、激动。他在信中说："是的，门捷列夫先生，您没有错，镓的比重的确是 5.96。"

布瓦博德朗深深敬佩门捷列夫的远见卓识。他在一篇新的论文中写道："我以为没有必要再来说明门捷列夫的这一理论的巨大意义了！"

法国科学院被震惊了！欧洲科学界也被震惊了！因为这是在科学史上，第一次用事实证明了关于新元素的准确预言。

直到这时，各国科学家才急忙去查阅刊登门捷列夫论文的杂志。直到这时，门捷列夫发现的化学元素周期律才引起人们的重视。

人们一边读着门捷列夫 4 年前的预言，一边非常佩服门捷列夫的大胆、坚定和自信——他居然丝毫不怀疑自己的预言错了，却坚信元素发现者的实验做错了！

于是，门捷列夫关于化学元素周期律的论文，迅速地被译成法文和英文。至于德国，已在前几年译过门捷列夫的论文，只是没人注意它。

门捷列夫在那些日子里也很激动，因为事实证明了他的理论，并不是"痴人说梦"！

后来，恩格斯在《自然辩证法》一书中，高度评价了门捷列夫的功绩：

门捷列夫证明了：在依据原子量排列的同族元素的系列中，发现有各种空白，这些空白表明这里有新的元素尚待发现。他预先描述了这些未知元素之一的一般化学性质，他称之为亚铝❶，因为它是在以铝为首的系列中紧跟在铝后面的；他并且大约地预言了它的比重和原子量以及它

---

❶ 即类铝。

的原子体积。几年以后，勒科克·德·布瓦博德朗真的发现了这个元素，而门捷列夫的预言也被证实了，只有极不重要的差异。亚铝为镓。门捷列夫不自觉地应用黑格尔的量转化为质的规律，完成了科学上的一个勋业，这个勋业可以和勒维烈计算尚未知道的行星——海王星的轨道的勋业居于同等地位。❶

 胜利接着胜利

一个胜利，接着一个胜利。

一份捷报，接着一份捷报。

1879 年，瑞典化学家尼尔森和克利夫，差不多同时在一种名叫"硅钇矿"的矿物中，发现了一种新元素。由于瑞典位于斯堪的纳维亚半岛，他们把元素命名为"钪"，意即"斯堪的纳维亚"。

钪，就是门捷列夫预言的"类硼"。尼尔森在把他的发现跟门捷列夫的预言对照后，深为惊叹，说道："这样一来，俄罗斯化学家门捷列夫的预言已经得到了最确切的证明了。这一预言不仅能预见所说化学元素的存在，并且能预言它的最重要的性质。"

门捷列夫最大的胜利，是在于"类硅"被证实。

1886 年，德国化学家克莱门斯·亚历山大·温克勒报告说，他用光谱分析法发现了新元素"锗"。

报告刚刚发表，很多人就把它与门捷列夫的预言相比较——因为经

---

❶ 引自《马克思恩格斯选集》第三卷，人民出版社 1972 年版，第 489—490 页。

过发现镓、钪的考验，人们已经对门捷列夫的预言坚信不疑，所以一听到发现新元素，便立即拿门捷列夫的预言相对照。

锗，就是门捷列夫预言的"类硅"。人们惊讶地发现：温克勒在1886 年的测定结果与门捷列夫 1871 年的预言何等相似！

门捷列夫预言：锗是一种金属，原子量大约是 72，比重大约是 5.5。

温克勒测定：锗是一种金属，原子量为 72.3，比重为 5.35。

门捷列夫预言：这种金属的氧化物的比重大约是 4.7，它极易溶解于碱，并易被还原为金属。

温克勒的测定：氧化锗的比重是 4.703，易溶解于碱，并可用碳还原为金属。

门捷列夫的预言：这种金属和氯的化合物应是液体，比重大约是1.9，沸点大约是 90℃。

温克勒的测定：氯化锗是液体，比重为 1.887，沸点为 86℃。

15 年前的预言，竟如此准确，仿佛门捷列夫手里拿着一块锗似的——而实际上，那时候连有没有这种元素都不得而知！

温克勒在给门捷列夫的信中，十分激动地写道："祝贺您的天才的研究工作中所获得的新胜利，谨向您表示我衷心的敬意！"

温克勒在一篇谈论锗的发现的文章中，深刻地指出：如果我们认为锗本身是一个值得注意的元素……那么研究它的性质，在作为测验人类远见的试金石方面而言，是一个不寻常的、引人入胜的例子。未必再有例子能更明显地证明元素周期学说的正确性了……它的意义不单是证明了一个大胆的学说，它还意味着大大地扩展了人们在化学方面的眼界，意味着在化学认识领域内前进了一大步。

科学最尊重事实。在事实面前，权威们服输了，冷嘲热讽成了吹破了的肥皂泡。

门捷列夫也非常高兴地在一篇文章中写道："我原以为不能活到元素周期律的预言被证实的日子，然而事实却不像我所想的那样。我预言的3个元素——类硼、类铝、类硅，还不到20年，我已欣慰地看到它们都被发现了。"

紧接着，门捷列夫在1871年所预言的其他许多"缺席"的元素，也被一一找到了。

1895年，英国化学家威廉·拉姆赛在分析钇铀矿时，发现新元素"氦"。对照了一下门捷列夫的预言，原来氦就是他在1871年所指出的"原子量为1到7……位于氢和锂之间的元素"。氦的原子量为4，正好在"1到7"之间。

门捷列夫还曾预言"另一个原子量约为20……位于氟和钠之间的元素"。1898年，英国化学家拉姆赛发现了元素"氖"。果然，它是"位于氟和钠之间的元素"，原子量为20.179！

拉姆赛怀着崇敬的心情，称门捷列夫为"我们伟大的导师"。这"导师"一词，并非过誉，因为门捷列夫确实是一位指导人们探索未知元素之谜的导师！

门捷列夫在1871年曾预言：

"在重金属之间，可以有1个和碲相似而原子量却比铋大的元素……其次在第10列中还可能有属于第1、第2、第3族的元素……它们的原子量约是210~230……第1个将和铯类似，第2个和钡类似……在钍和铀之间的同一列中，还可能有1个原子量约为235的元素……"

从1898年到1918年的20年中，人们接连发现了除"和铯类似"元素之外的这些未知元素：

1898 年 7 月，居里夫人发现了新元素"钋"。钋的原意是"波兰"，居里夫人用钋命名，来纪念自己的祖国——波兰。钋，就是那个"和碲相似"的元素。它的原子量为 209，果然比铋的原子量大！

1898 年 12 月，居里夫妇发现了放射性元素"镭"。镭就是那个"和钡类似"的元素，它的原子量为 226.0254，果真在"210~230"。

1899 年，法国科学家安德烈·德拜耳尼发现了新元素"锕"。它是门捷列夫预言过的"类镧"。

接下来，科学家们还发现了新元素"镤"。镤的位置确实是"在钍和铀之间"，原子量为 232，与门捷列夫预言的 235 相近。

至于那个"和铯类似"的元素，在 1939 年被法国女化学家佩雷发现。她用祖国的名字——"法兰西"，来命名这个新元素，译成中文便是"钫"。钫的性质，的确与铯十分类似。

后来，门捷列夫还曾预言过存在未知元素"三锰""亚锰"和"亚碘"，也分别被发现：

1925 年，发现了"铼"，即门捷列夫所预言的"三锰"；

1937 年，发现了"锝"，即门捷列夫所预言的"亚锰"；

1940 年，发现了"砹"，即门捷列夫所预言的"亚碘"。

就这样，门捷列夫在 1871 年所预言的未知元素，全部被找到了。

人们在门捷列夫化学元素周期表的指导下，还发现了一系列新的元素——惰性气体"氪""氙""氡"。

前面说到过，门捷列夫在排元素周期表时，遇到许多"捣乱元素"，他大胆地改动了这些化学元素的原子量。门捷列夫一共改正了 9 种化学元素的原子量。后来，人们精确地加以测量，发现门捷列夫改动的原子量，竟是那么正确。

元素名称	1869 年测定的原子量	门捷列夫在 1869 年改动的原子量	现代测定的原子量
铍（Be）	13	9	9.01218
铟（In）	75.36	113	114.818
镧（La）	94	137	138.9055
镝（Dy）	95	140	162.50
钇（Y）	60	88	88.9059
铕（Eu）	112.6	178	151.964
铯（Cs）	92	138	132.9054
钍（Th）	116	232	232.0381
铀（U）	120	240	238.029

然而在 1869 年，门捷列夫大胆地改变这 9 种元素的原子量时，曾遭到俄罗斯化学界的猛烈攻击，认为"改变至今所公认的原子量，是过于仓促了"，认为门捷列夫发现的周期律是一种"不可依靠"的"普通分类法"。甚至还有人说，门捷列夫自己不做实验，凭空根据什么"化学元素周期律"去"擅自"改动"经过反复精确测量"的原子量，是"天大的笑话"，是"对科学的侮辱"。

历史证明，门捷列夫之所以有"先见之明"，是因为他是站在科学的高峰上，能够"登高望远"，站得高，看得远。

门捷列夫终生为真理而斗争。他确信他手中有真理，所以他不怕权威，不信权威。他曾说过这样的话："每一个自然规律，只有当它可以说产生实际的结果，亦即做出能解释尚未阐明的事物，指出至今未知的现象的逻辑结论时，特别是这个规律导致能为实验所验证的预言时，才获得科学的意义。"门捷列夫之所以成功，便是由于他的预言"为实验所验证"。这诚如毛泽东同志在《实践论》中所指出的那样：许多自然科学理论之所以被称为真理，不但在于自然科学家们创立这些学说的时候，而且在于为往后的科学实践所证实的时候。❶

 # 种种神话

这样的历史现象是屡见不鲜的：当一个年轻人含辛茹苦地创立一种新理论的时候，他常常遭到白眼、讽刺、打击。而他一旦成功了，受到世界的公认，却马上变成了神，似乎他的成功是从天上掉下来的，是灵机一动想出来的。

门捷列夫也不例外。在他创立化学元素周期律的时候，人们差一点儿把他踩到了地上；当他获得成功之后，人们却差一点儿把他吹上了天！

于是，关于门捷列夫获得成功的种种神话，流传开了。

有人说，门捷列夫是在做梦时想出化学元素周期表的。这种传说，说得那么逼真：门捷列夫排不出化学元素周期表，他累极了，不由得睡着了。在梦里，他忽然梦见了周期表，那上面一个个化学元素全都排对了位置。门捷列夫高兴得哈哈大笑，从睡梦中笑醒。他一醒过来，赶紧把刚才梦中所见的周期表记了下来。后来，他仔细研究了这张梦中所得的周期表，发现除了一处需要修正，其余都是正确的。就这样，他发现了化学元素周期表，成了世界化学史上最伟大的化学家之一。

---

❶ 引自《毛泽东选集》（一卷本），人民出版社 1967 年版，横排本 269 页。

这个神话，除了说明门捷列夫做梦时都在研究化学元素周期表这一点之外，其余统统是无稽之谈。

还有一个神话这么说：门捷列夫在玩纸牌，纸牌上写着各种化学元素的符号。他玩着、玩着，一下子就排成了一张化学元素周期表！

这个神话有那么一丝事实的影子，因为门捷列夫在创立化学元素周期表时，确实曾把化学元素符号写在纸牌上。不过，化学元素周期表绝不是"玩着、玩着"所能"一下子就排成"的。

在门捷列夫发现化学元素周期律之后，曾有不少人向门捷列夫打听成功的奥秘。

一个彼得堡小报的记者，就曾这样问过他："德米特里·伊凡诺维奇，您是怎样想到您的周期系统的？"

门捷列夫听了，哈哈大笑起来，答道："这个问题我大约考虑了 20 年，而您却认为坐着不动，五个戈比❶一行、五个戈比一行地写着，突然就成了！事情并不是这样。"

记者又问："您是不是承认，您是一位天才？"

门捷列夫不假思索，随口答道："什么是天才？终生努力，便成天才！"

其实，门捷列夫成功的原因：

一是历史条件——发现元素周期律的时机已经成熟；

二是个人条件——他本人坚定不移的科学献身精神。

就个人的天赋而论，法国化学家拉瓦锡完全可以与门捷列夫匹敌。可是，拉瓦锡尽管做了元素分类工作，却不可能发现周期律。因为拉瓦锡比门捷列夫早生了 91 年，在拉瓦锡着手元素分类工作的时候，人们只

❶ 戈比，俄国的钱币。

知道 33 种化学元素，客观条件不成熟。在门捷列夫时代，人们发现化学元素周期律的条件成熟了。正因为这样，普劳特的"氢原子构成论"、德贝赖纳的"3 素组"、尚古都的"元素螺旋线"、迈耶尔的"6 元素表"、纽兰兹的"8 音律"，才一步接一步地向发现化学元素周期律的顶峰挺进。其中特别是纽兰兹，他的"8 音律"已揭示了元素周期律的某些内容，而迈耶尔也排出了十分类似的化学元素周期表，并简练、深刻地指出：元素的性质为原子量的函数。也就是说，元素的性质随着原子量的增加而发生周期性的变化。

为什么在同一时期，德国人德贝赖纳、德国人迈耶尔、英国人纽兰兹、俄国人门捷列夫在不同的地方，同时向同一目标——发现化学元素周期律挺进呢？这只能说明，发现化学元素周期律的时机成熟了！

在科学史上，经常有着类似的事情：牛顿与莱布尼茨差不多同时提出微积分，罗巴切夫斯基、波尔约和高斯几乎同时提出非欧几何，勒贝尔和范托夫差不多同时创立立体结构化学理论，而丁肇中和里克特是在同一天早上在不同的实验室里发现 J 粒子。

正因为这样，恩格斯曾深刻地指出：恰巧某个伟大人物在一定时间出现于某一国家，这当然纯粹是一种偶然现象。但是，如果我们把这个人除掉，那时就会需要有另外一个人来代替他，并且这个代替者是会出现的——或好或坏，但是随着时间的推移总是会出现的。❶然而，门捷列夫之所以成功，还在于他比德贝赖纳、迈耶尔、纽兰兹"棋高一着"。门捷列夫在给元素排队时，遇到"缺席元素"时，就给它留下空位；最惊

---

❶ 引自《致符·博尔吉乌斯》（1894 年 1 月 25 日）《马克思恩格斯选集》第四卷，1972 年版，第 506—507 页。

人的是他给那些"缺席元素"作了精确的预言——所有这些，是他们同时代人所未能做到的。也正因为这样，人们把发现化学元素周期律的桂冠，恰如其分地戴到了门捷列夫的头上。

门捷列夫在创立化学元素周期律时，吸收了别人的优点，又超过了别人。

打开化学大门的金钥匙

门捷列夫只花了两个月，就写出了有机化学教科书；他写无机化学教科书——《化学原理》，却整整花费了 10 年时间，才写成这本厚达几千页的巨著。

门捷列夫把大量时间花费在清除无机化学那杂乱无章的状态方面。正如他的一位友人所说的："门捷列夫是一位无论如何也不能容忍杂乱无章现象的伟大人物。我很清楚地知道他是一位富有思考力的思想家，同时也是一位认为自然界并不存在有杂乱无章的混乱现象和偶然性的科学家。"

"如果我们看到自然界有杂乱无章的混乱现象，那么这种杂乱无章的混乱现象并不是自然界固有的，而是由于我们对自然界的认识不够。因此，门捷列夫讲授彼得堡大学开设的化学讲座后，就着手编写无机化学教程。他认为必须把化学元素加以整理。"

门捷列夫在发现了化学元素周期律之后，证明化学元素大家族并不是一盘散沙，而是有规律、有秩序的一个整体。无机化学的混乱状态就此结束。

化学元素周期表经过上百次修改，它的形式改变了许多次。现在，你可以看到，经过门捷列夫的精心安排，化学元素家庭是何等井然有序！

化学元素周期表是按照化学元素原子量的大小顺序排列的。原子量，是表现原子质量的一种量。称萝卜论斤，而原子的质量是用氢原子来论的。氢原子是最轻的原子。每一种元素的原子跟氢的原子相比，重多少倍就是这个元素的原子量。❶也就是说，原子量是原子的相对质量。比如，氧原子的质量为氢原子的 16 倍，氧的原子量便为 16；碳原子的质量为氢原子的 12 倍，碳的原子量便为 12。

现在，世界上总共有 118 种化学元素。原子量最小的元素是氢，原子量最大的是 118 号元素氮。从氢到氮，按原子量大小排成一长队，每一种元素在队伍中的顺序号码，叫作"原子序数"。如氢是第一名，原子序数为 1；氦是第二名，原子序数为 2；锂是第三名，原子序数为 3……

在化学元素周期表中，横的叫"周期"，竖的叫"族"。118 种化学元素，共分为 16 族。例如，锂、钠、钾、铷、铯、钫❷这 6 种元素，被划为第 I 族❸；铍、镁、钙、锶、钡、镭这 6 种元素，被划为第 II 族……氟、氯、溴、碘、砹这 5 种元素，被划为第 VII 族；氦、氖、氩、氪、氙、氡这 6 种元素，被划为 0 族。

同一族的化学元素的性质十分类似。如第 I 族元素，都具有较强的金属性，而第 VII 族元素都具有较强的非金属性。同族元素的化合价是一

---

❶ 最初以氢原子为原子标准，后曾改为氧原子质量的十六分之一为原子量标准，现改为碳原子质量的十二分之一为原子量标准。

❷ 氢一般被划在第 I 族，也有的把它划在第 VIII 族。

❸ 在化学上，一般用罗马数字来表示第几族。如 III 表示第三族，V 表示第五族，VIII 表示第八族。

样的。如第 I 族的元素化合价都是 +1 价；第 II 族的元素化合价都是 +2价；第 III 族的元素化合价都是 +3 价……0 族的元素化合价都是 0 价。也有些元素有几种化合价。

门捷列夫为什么能够对未知元素做出精确的预言呢？他是根据同族元素相似的原则做出预言的。就拿他预言的"类硅"——锗来说，锗的原子量是怎样预言的呢？

在第 IV 族中，位于锗之上的是硅，它的原子量为 28；位于锗之下的是锡，它的原子量是 118。

那么，锗的原子量便是：

$$（28+118）÷2=73$$

另外，在锗的左边，是尚未发现的镓，门捷列夫当时算出镓的原子量为 68。而锗的右边是砷，原子量为 75。据此，锗的原子量为：

$$（68+75）÷2=71.5$$

然后，门捷列夫再把这两个数字相加并平均：

$$（71.5+73）÷2=72.25$$

所以，门捷列夫预言锗的原子量为 72。后来，温克勒测得锗的原子量为 72.3。门捷列夫所预言的其他数字、未知元素的性质，也是根据这些方法推算的。

门捷列夫发现化学元素周期律的最大功绩，在于深刻揭示了化学元素间的内在联系。它表明，化学元素不是彼此隔离、彼此孤立的，而是有着密切联系的统一体，是互相关联、互相制约的。它说明大自然是统一的，是可以认识的。它的发现，有力地打击了形而上学在化学中的统治，是辩证唯物主义在化学上的重大胜利。

化学元素周期律，现在成了化学的基础理论，同时也是化学这门科学最根本的规律。正因为这样，门捷列夫被誉为近代化学的奠基人之一，俄国化学之父。

门捷列夫发现化学元素周期律，犹如掌握了打开化学大门的金钥匙。从此，他写《化学原理》一书，感到心明眼亮，文思如泉涌，写出了世界上第一部以化学元素周期律为纲的无机化学教科书。至今，全世界的无机化学教科书，几乎都是以化学元素周期律为系统，讲述各种化学元素的。

门捷列夫以化学元素周期律为系统讲无机化学课，深受学生们的欢迎。门捷列夫竭尽全力，热心培养接班人。他说："我要把生命的宝贵时光和全部精力贡献给教育事业。"门捷列夫的学生曾这样回忆门捷列夫讲课时的盛况：

在门捷列夫开始讲课之前，不仅是他讲课的第七教室，就在邻近的其他房间也早已挤满了各系和各年级的许多朝气蓬勃和熙熙攘攘的学生。他们按照往年的习惯来听开学的第一次讲课，以便向这位教授、彼得堡大学的骄傲、俄罗斯科学的荣耀——德米特里·伊凡诺维奇·门捷列夫，表示他们的爱戴和崇敬的感情。我当时也挤在这些激动、兴奋而喜悦的学生群中，我们迫切地期待着门捷列夫的莅临。从隔壁的房门直接开向讲台的那个实验标本室里，传来轻轻的脚步声，教室中顿时肃静下来，门捷列夫在门口出现。他身材魁伟，稍稍驼背，他那斑白的长发直垂到两肩，银灰色的长衫衬托着他那副目光炯炯、严肃而纯朴的面孔。当时的情景至今仍历历在目。

欢迎、欢呼和掌声，像春雷一般，震天撼地。这简直是一场暴雨，是一阵狂风。全体同学都在高声欢呼，大家都欣喜若狂，每一个人都尽情地表达出自己的欢乐情绪、自己的颂扬和热忱……

只要看到当时欢迎门捷列夫的这种热烈场面，就会体会到他是一位伟大的科学家和伟大人物。他令人神往地影响了所有的人，并吸引住了所有接触过他的人的智慧和良心。

另一位学生回忆道：

门捷列夫声音低而有力，言辞充满着热情，非常激动，他好像找不到字眼似的，初次听他讲课的人都会感到发窘，想催促他，暗示他所缺少的字眼。然而，这种焦虑完全是多余的，门捷列夫一定会找到适当的字眼，那就是人们所意想不到的、精确简明的借喻字眼……他始终作为讲课依据的、贯串着包罗万象的公式和深奥无比的种种科学观点，令人心向神往。

他的讲课经常涉及力学、物理学、天文学、天体物理学、宇宙起源论、气象学、地质学、动植物的生理学和农业学的各方面，同时也涉及技术各部门，包括航空和炮兵战术学。

由于门捷列夫对当时科学的发展有了明确的认识，他直接参加解决各种最新的基本问题，而且又结识了许多当代杰出的人物，因此他的讲述就成了包括许多直接观察和印象的一股生动泉流。

门捷列夫遭冷遇

门捷列夫由于发现了化学元素周期律，闻名于全世界。几乎所有的外国科学院，如英国皇家科学院、法国科学院、柏林科学院、意大利皇家科学院等，都聘请门捷列夫为名誉院士。

门捷列夫还光荣地担任了世界上100多个科学团体的名誉会员。

然而，在国内，门捷列夫一直遭受冷遇，不仅在他发现化学元素周期律的那些日子里受到冷嘲热讽，就在他获得巨大成就之后，依然坐"冷板凳"！

1880 年，那位曾训斥门捷列夫"不务正业"的齐宁去世了。齐宁是俄国科学院院士，按照俄国科学院的规定，院士缺额，应予递补。

不论是按照对科学的贡献，还是在国内外的声望，理所应当是门捷列夫当选。俄国科学院章程上，堂而皇之地写道：俄国科学院是俄罗斯帝国第一流的科学院。它努力扩展造福人类的各种知识范围，并以新的发现来增进和丰富这种知识范围。然而写在纸上是一回事，实际上做的又是另一回事。

著名的俄国有机化学家布特列洛夫亲自提名门捷列夫为科学院院士候选人。他说："门捷列夫有资格在俄国科学院中占有席位，这当然是任何人都不能否认的。"

可是，俄国科学院直接听命于沙皇政府。

沙皇政府对门捷列夫一直不怀好感。他们挑选了另一个显然不够资格的人，作为候选人。因为这个人"具有忠臣良民的典型思想，不像门捷列夫那样耿直大胆，而且永远会拥护沙皇政府"。

就这样，在 1880 年 11 月 11 日，由于沙皇政府的操纵，在选举科学院院士时，门捷列夫落选了！

消息传出，引起了俄国正直的科学家们的愤慨，也受到国际舆论的谴责，人们把这件事称为"门捷列夫事件"。

布特列洛夫仗义执言，在《俄罗斯报》上发表了题为《俄罗斯的科学院还是皇帝自己的科学院？》的文章，尖锐地抨击了沙皇政府。

基辅大学的教授们也忍无可忍了，他们一致选举门捷列夫为基辅大学的名誉院士。

门捷列夫非常感动，他在给基辅大学校长的信中，诚挚地说道："我衷心地向您和基辅大学校委会致以感谢的心意。我深刻了解这是俄罗斯的荣誉，而不是我个人的荣誉。科学原野上的幼苗，是为了人民的利益而萌芽、滋长！"

"科学原野上的幼苗，是为了人民的利益而萌芽、滋长！"这话说得多好呀！门捷列夫正是从小受到十二月革命党人的思想影响，后来一直是在受歧视、受压抑的环境中成长，所以他痛恨沙皇政府，站在人民这边。

自从发生"门捷列夫事件"之后，门捷列夫更加看清了沙皇政府的嘴脸。

1890 年 3 月，彼得堡大学爆发了反对沙皇亚历山大三世❶的学生运动，学生们决定向沙皇政府发出请愿书。学生们请求著名的门捷列夫教授给予帮助。

门捷列夫毫不犹豫，挺身而出，投入革命洪流。3 月 14 日，门捷列夫参加了学生大会。人们看到门捷列夫教授出现在大会主席台上，高兴得欢呼起来。门捷列夫发表了热情洋溢的演说，支持学生们的行动。门捷列夫接受了学生们的请愿书，答应由他面交给沙皇政府国民教育部部长捷良诺夫。

3 月 16 日，由门捷列夫亲自递交的请愿书，被退回来了。

在请愿书上，写着这样的批文：

国民教育部部长命令，请愿书退还现任五等文官门捷列夫教授，因为部长以及为圣上效劳的任何人员都无权接受此项请愿书。

此致

门捷列夫阁下

捷良诺夫　1890 年 3 月 15 日

门捷列夫收到被退回的请愿书，决定辞职，以表示对沙皇政府的

---

❶ 沙皇亚历山大二世于 1881 年 3 月被俄国革命者杀死。

抗议。

沙皇政府出动了警察，到学校里逮捕学生。

3月22日，门捷列夫再次出席学生大会，发表最后一次演说。门捷列夫以低沉的声调讲完之后说道："由于众所周知的原因，我恳切地请求大家在我退席时不要鼓掌。"

就这样，这位伟大的化学家被迫离开了他曾工作了33年的彼得堡大学。

学生们的心，像灌了铅一样沉重。

门捷列夫的心，也像灌了铅一样沉重。

一个驰誉全球的科学家，在他的祖国受到了冷遇。然而，他热爱他的祖国，决定终生为人民工作。尽管在门捷列夫辞职之后，国外许多大学聘请他去工作，但他都婉言谢绝了。

多方面的贡献

门捷列夫到哪儿去了呢？

他如同算盘珠一样被拨来拨去。沙皇政府尽量把他安排在无关紧要的地方，把他闲置起来。

然而，门捷列夫依旧是那样耿直敢言，依旧那样勤奋工作。

1890年，门捷列夫被调到海军部的海军科学技术实验室，在那里研究无烟火药。

门捷列夫放下了对化学元素周期律的研究，认认真真地试验新炸药。果然，他制成的新炸药超过了国外水平。然而，没多久，他就被迫离开了那里。原因是"海军炮队某些大人物对他的思想不表同情，和他的思想敌对"。

1892 年，门捷列夫被任命为标准度量衡贮存库的库长。翌年，这个贮存库被改为度量衡检定总局，门捷列夫随之被任命为局长。在这个岗位上，门捷列夫度过了他的晚年，直到逝世。

人们很难设想，一位发现了化学元素周期律的著名化学家，居然放弃了本行，研究起度量衡来了。

门捷列夫不忘"终生努力"。他只懂得不停地劳动，不知道什么叫享乐。他说过："劳动吧，在劳动中可以得到安宁，而在其他事务中是找不到的！享乐只是为了自己，它是会消失的；但是为别人而劳动，却会留下永恒愉快的痕迹。"

门捷列夫埋头在度量衡检定总局的实验室里，着手建立一整套度量衡标准。他改革各种俄制度量衡，推广国际通用的公制。他忙着在各地建立度量衡检验室。

他开始生病了，渐渐地病得越来越重，以致双目半盲，但他仍坚持工作，坚持写作。

门捷列夫是一位辛勤的学者。他一生事业的最高峰，在于发现化学元素周期律。除此之外，他曾涉猎过许多科学领域，做出其他的贡献。

门捷列夫的贡献是多方面的。

门捷列夫详细地研究过溶液理论。当时，人们都认为，一种物质在水中溶解了，所形成的溶液无非就是这种物质的分子和水分子的机械混合物。

门捷列夫却不同意这种观点。他把酒精和水混合，认真测量混合前后的体积。他发现，酒精与水混合所形成的溶液的体积，比原先酒精与水的总体积小！也就是说，酒精与水混合以后，体积缩小了。门捷列夫经过测定，发现当酒精占 46%、水占 54%❶ 时，溶液的体积最小。为此，门捷列夫在 1865 年发表了博士论文《论酒精和水的化合物》，认为水和酒精不是机械的混合，而是形成了某种化合物。因此，他认为"溶解过程是化学过程"，认为"物质在水中溶解时，发生了一定的化合作用"。这就是门捷列夫创立的"溶解水化理论"。他的这一论文，曾获科学院奖金 5000 卢布❷。

后来，他又深入研究了 283 种物质的溶液，进一步丰富了溶解水化理论。这一理论对建立现代溶液理论做出了很大的贡献。

门捷列夫曾研究过流体力学。著名俄罗斯宇航专家齐奥尔科夫斯基在门捷列夫逝世纪念会上说，门捷列夫关于流体阻力的著作，可以作为研究造船、航空和火箭飞行理论的基础读本。

门捷列夫从小对工农业生产就有很深的感情。他曾这样说过："我在母亲所经营，并以此来养活她身边孩子的玻璃工厂里长大，从幼年起，就看到了工厂的工作。我很清楚地知道工厂是人民的养育者，即使在西伯利亚辽阔的原野上也是如此。因此我献身于像化学这样既抽象又实际的科学工厂，我从小就对工厂企业感兴趣。"

有一次，门捷列夫来到一座煤矿，正好遇上煤矿发生大火，死了不少煤矿工人。他深为痛心。煤能在地下燃烧，形成火，这件事也给了他一个启发。于是，门捷列夫提出了著名的"地下煤气化"的设想。

门捷列夫说，今后不必让人下去挖煤，而是叫燃料自动跑上来！燃料怎么会自动跑上来呢？他做了这样极其大胆的设想：往煤矿里通入空气，使煤在地下作不完全燃烧，变为气体燃料——一氧化碳。然后，用

---

❶ 指质量比。

❷ 俄国货币单位，1 卢布 =100 戈比。

管子把这来自地下的气体燃料，输送到用户那里去！

门捷列夫发表了《在顿河河岸上未来的动力》一文，热情洋溢地写道："料想这样一个时代可能到来——那时地下的煤将不从地下取出，而能使煤就在地下变成可燃气，由管子送往远处。"

门捷列夫对农业化学也曾产生浓厚的兴趣。他建议，在酸性的土壤中撒入碱性的石灰，可以中和酸性，提高农作物的产量。后来，农业生产的实践证明，他的建议是很正确的。门捷列夫还曾亲自到农村收集骨头，制成骨粉，再用硫酸处理，制成可溶性过磷酸钙。这种磷肥，使庄稼的产量提高了。

门捷列夫曾在巴库油田进行调查，还参观过美国宾夕法尼亚的采油场。他从化学角度思索着石油的形成，提出一种新的石油起源学说——认为石油最初起源于金属硫化物。这是他独树一帜的石油起源理论。

门捷列夫的兴趣非常广泛。他不光对数学、物理、气象有兴趣，也喜欢惊险小说、游记、诗歌。门捷列夫甚至对绘画也有着浓厚的兴趣。每逢星期三，著名的俄罗斯画家列宾等人，常到门捷列夫家做客，谈论艺术，谈论绘画。门捷列夫的墙壁上，除了挂着化学元素周期表之外，还挂着许多名画。

门捷列夫喜爱绘画，这是深受妻子的影响。门捷列夫的妻子安娜·依凡诺芙娜·波波娃，是他侄女的朋友。他们于1880年结婚，安娜擅长绘画。正因为这样，他们家的"星期三聚会"，不仅有科学家，也来了许多艺术家。安娜曾回忆道："这里可以听到一切的艺术新闻。艺术商店送来艺术出版物给星期三聚会审阅。有时艺术界的创作家会把自己的新作品带来展览……门捷列夫所创造的这种气氛，到处都呈现着高尚的知识趣味，而没有低级的趣味和诽谤，使星期三变得格外有趣和愉快。"

门捷列夫曾为画家库莫兹的作品《第聂伯河之夜》，写过一篇评论

《在库莫兹的画前面》。

1894 年，门捷列夫被推荐为俄国艺术科学院院士。

门捷列夫专心于科学研究工作，而对生活总是从简从朴，非常随便。有一次，沙皇要接见他，门捷列夫立即事先声明，请允许他随便穿什么衣服——平时穿什么，接见时穿什么。门捷列夫衣服的式样，常常落后于别人 10 年甚至 20 年，但他毫不在乎。他说："我的心思在化学元素周期表上，不在衣服上！"

他的头发发型也很随便，一两个月才剪一次。那时，男人们流行戴假发。门捷列夫摇摇头说："我喜欢我自己的头发！"

门捷列夫喜欢音乐，烟瘾很大，也很喜爱孩子。他曾说过："我生平心爱的一切事情莫过于小孩们在我旁边。"

在门捷列夫时代，铝是很昂贵的东西。因为当时人们是用金属钠来作还原剂制取铝，金属钠比黄金还贵，当然铝的身价就很高了。1889年，英国皇家学院在伦敦庆祝门捷列夫的科学成就时，特地给门捷列夫赠送了一份贵重的礼物。这份贵重的礼物是什么呢？一只铝的花瓶和一套铝的高脚酒杯！

门捷列夫很爱他的学生。他说过："科学的种子是为了人民的收获而生长的。"他辛勤地播种着，把科学的种子播进学生们的心田。他执教33 年，培养了一大批科学人才。他的学生中，有许多人后来成为著名的化学家。

门捷列夫对科学的贡献是巨大的。但是，到了晚年，在某些科学问题上，他也显得有点儿保守。

比如，当时人们发现了放射现象，一种原子分裂后可以变成另一种原子，这意味着一种化学元素可以转化成另一种化学元素。门捷列夫却认为化学元素是不可能转化的。他说，"我们应当不相信我们已知单质的复杂性"，"应当消除任何相信我们所已知的单质的复杂性的痕迹"。他还特别强调：关于元素不能转化的概念特别重要……是整个世界观的基础。

当人们发现电子的时候，门捷列夫否认电子的存在。他说，电子"没有多大用处"，"只会使事情复杂化"，"丝毫也不能澄清事实"。

然而，放射现象的发现、电子的发现，却进一步加深了人们对化学元素周期律的认识，发展了这一理论。

当年，门捷列夫在创立化学元素周期律的时候，敢于向守旧势力发动猛攻，那是因为他每天都在进行化学研究，都在实践。然而，他在晚年，由于受沙皇政府的迫害，不得不离开了化学，埋头在统一度量衡的工作之中。这时，他在某些问题上转变为保守，正是他离开了实践所导致的。

这正如同他自己曾经说过的那样："把'理论'和'实践'分开，是许多错误思想的根源。"

 # 为科学而献身

门捷列夫的一生，是与困难做斗争的一生。他终生在逆境中度过。他，为科学而献身！在门捷列夫晚年，他那为科学而献身的精神更感人肺腑。

那是在1887年的一天。据推算，这一天要发生日食。门捷列夫决定，乘坐气球到高空去仔细观察日食。

"德米特里·伊凡诺维奇，气球会飞到很高很高的地方，那里空气稀薄，气温又低，风又大，太危险了！您别上去！"人们都这样劝告门捷列夫。

"哈哈，我正是要飞到很高的地方，我喜欢高空！"门捷列夫爽朗地大声笑着，答道，"在地面上，受云雾遮挡，看不清日食。我到高空去观察日食，不是为了我自己，是为了科学！"

门捷列夫早就希望制造气球，以便详细研究气象。他曾说过："大气的上层就是气象实验室，云在那里形成，云在那里移动，但那里很少设置过测量仪器……必须在远离地球的大气层中，去寻找地球表面许多气象学现象的秘密。"

然而，那时的沙皇政府怎肯拨款，去制造什么气球呢？

门捷列夫决定用自己的稿费来资助气球的制造工作。那时，出版的门捷列夫著作上，都印着这样的说明：此书售后所得款项，作者规定用于制造一个大型气球，以便全面研究大气上层的气象学现象。

除了筹措所需费用，门捷列夫还自己动手画设计图。经过几年的筹备，气球终于造出来了。这时，正好日食的日子逼近了，于是，门捷列夫决定，这个气球第一次上天，就用来观察日食现象。

气球运到了克林。气球下面有个吊篮，预计可以坐两个人。本来，门捷列夫和航空家科文柯准备一起乘坐，由科文柯驾驶气球，门捷列夫负责观测。

然而，到了现场，他们发现气球的上升力不够，吊篮里只能坐一个人。

这时，更多的人开始劝告门捷列夫别上去。人们认为，门捷列夫是举世闻名的大科学家，没必要冒这个险。何况他年老多病，心脏又不好，恐怕受不了空中的寒风和温度。

门捷列夫却毅然决定独自乘上气球！他一边跨进气球的吊篮，一边对人们说："气球也是物理仪器。你们亲眼看见，多少人像注视着科学实验一样，在注视着这一次气球的飞行。我不能辜负他们对科学的期待！"

气球冉冉上升。门捷列夫一个人飞上高空，众目睽睽之下，许多善意的朋友在为他的安全而担心，同时也为他的献身精神所感动。

门捷列夫在高空仔细观察了日食的全过程，还对高空气象做了详细记录。

气球徐徐下降，终于安全返回地面。

人们把门捷列夫团团围住，甚至把他抬了起来，像欢迎凯旋的英雄似的欢迎他回来。

门捷列夫这种为科学而献身的精神，贯穿他的一生。

正因为这样，当这位化学巨人在 1907 年 2 月 2 日清晨离开人世时，是坐在书桌前逝世的，他的手中还握着笔！

也正因为这样，当这位化学巨人出殡时，几万人自发加入送殡行列，向他表示自己内心的敬意。

门捷列夫的格言，是值得深思的：

"什么是天才？终生努力，便成天才！"

"一个人的天资越高，他就越应该多为社会服务！"

原子 - 分子论和 现代科学

 化学女杰

如果说，

17 世纪的化学巨匠是波义耳，

18 世纪的化学巨匠是拉瓦锡和道尔顿，

19 世纪的化学巨匠是门捷列夫，

那么，20 世纪的化学巨匠则是居里夫人。

居里夫人的名字叫玛丽·斯可罗多夫斯卡，本是一位波兰姑娘。她在法国巴黎毕业以后，和法国青年物理学家皮埃尔·居里结婚，于是人们称她为居里夫人。

居里夫妇毕生的主要功绩，可以简单概括为：发现并制取了钋和镭。

早在 1898 年 4 月 12 日，法国科学院就发表了居里夫人的报告："有两种铀矿——沥青铀矿和辉铜矿，放射性要比纯铀强得多。这种现象值得极为注意。我认为，在这两种矿物中，很可能含有一种比铀的放射性强得多的新元素。"

得知妻子的这一见解，居里认为极为重要，他马上放下自己手头关于物理学的研究课题，参加妻子发现新元素的工作。

可是，法国科学院的许多科学家对此表示怀疑："你们先把这种元素拿给我们看，我们才能相信。"

就在这年 7 月，居里夫妇向法国科学院报告："我们从沥青铀矿提取的物质中，发现含有一种尚未被发现的金属元素，它的性质与铋相近……我们提议把它叫作'钋'，纪念我们两人之一的祖国。"

居里夫人的祖国是波兰。钋的拉丁文为 Polonium，即"波兰"。

同年 12 月，居里夫妇又和安东尼·亨利·贝克勒尔一起向法国科学院报告："在放射性的新物质中含有一种新元素，我们提议把它叫作'镭'。这种新元素的放射性非常强烈。"

镭的拉丁文为 Radius，意为"射线"。

接下来，居里夫妇花费四年多时间，历尽艰辛，从沥青铀矿中提取镭和钋。在沥青铀矿中，只含有一千万分之一的镭、一百亿分之一的钋！

四个春秋过去了，居里夫妇从 1 吨沥青铀矿中，终于提取到了 0.1 克金属镭！

居里夫妇没有正规的实验室。他们在一间本来是储藏室的破房子里工作。春天的雨、夏天的骄阳、秋天的沙尘、冬天的朔风，使居里夫妇历尽千辛万苦。当时有一位科学家看到居里夫妇的"实验室"，叹道："这简直是一所类似于马厩，又如同马铃薯窖般简陋的实验室！"

"自古雄才多磨难"。居里夫妇正是在磨难中成为一代化学巨匠的。

1903 年，居里夫妇荣获诺贝尔物理学奖。在这样幸福的时候，居里夫妇在想什么呢？

他们说："我们毫不需要奖金，我们最需要的是一间实验室！"

1906 年，皮埃尔·居里不幸被一辆马车撞死。居里夫人从此坚强地一个人做两个人的事。在 1910 年，她终于提取到纯净的金属镭。

1911 年，居里夫人荣获诺贝尔化学奖。她被人们誉为"化学女杰""镭的母亲"。

有人劝居里夫人申请关于制取镭的专利，这样可以成为百万富翁。但居里夫人毫不犹豫地将提炼镭的方法公开发表了。她非常深刻地说："镭是一种元素，它属于全人类所有，任何人都不能拿它来发财致富。"

固然，居里夫人在化学上的成就，主要在于发现了钋和镭。但是，作为一位科学家，她以自己高尚的科学道德，光彩照人，成为后人的楷模。

爱因斯坦在悼念居里夫人时，曾非常确切地评价居里夫人一生的功绩：

在像居里夫人这样一位崇高人物结束她的一生的时候，我们不要仅仅满足于回忆她的工作成果对人类已经做出的贡献。第一流人物对于时代和历史进程的意义，在其道德品质方面，也许比单纯的才智成就方面还要大。即使是后者，它们取决于品格的程度，也远超过通常人们所认为的那样。

从原子 - 分子论的观点来看

20 世纪创立了现代化学理论。现代化学理论，是以原子 - 分子论作为基础的。

按照原子 - 分子论的观点，世界上的一切物质都是由分子组成的，而分子则是由更小的颗粒——原子组成的。

世界上房子的式样，像春天的花儿一样多！有圆的，有方的；有平房，有楼房；有茅草房，有砖房；有白的，有灰的；有中国式的，有罗马式的，有俄罗斯式的，有日本式的……但是，世界上并没有千万种建筑材料。这些各式各样的房子，无非都是由木头、砖头、石灰、水泥、玻璃、钢筋等几种建筑材料盖成的。

同样地，尽管我们周围有数不清的各式各样的物质，但是，它们只是由 94 种化学元素❶组成的。例如，1 个水分子是由 2 个氢原子和 1 个氧原子组成的，1 个食盐分子是由 1 个氯原子和 1 个钠原子组成的，而 1 个铁分子是由 1 个铁原子组成的。

在发生化学反应时，参加反应的几种物质的分子被破坏了，而原子并没有被破坏。在反应过程中，原先分子中的原子被拆散，重新配搭，生成了新的物质。例如氯化钠和硝酸银在反应时，钠原子和银原子交换了自己原先的"伙伴"，结果生成氯化银和硝酸钠。这场交换反应，就正像我们小时候玩积木一样：把几座已经搭好的"房子"拆掉，用它们的"砖头"，重新再搭起新的"房子"。自然，这时"房子"的式样虽然改变了，但是，构成它们的"砖头"依然是那么多。

一切化学反应，从原子 - 分子论的观点来看，它们只不过是这样一场搭了又拆，拆了又搭的"化学积木游戏"罢了。在化学反应中，不论是每种原子的个数，还是每种原子的质量，都没有改变。既然每种原子的个数和质量在反应前后都没有改变，那么，它们的总质量当然也就不会改变。这就是物质不灭定律的实质。

定组成定律和倍比定律，是物质不灭定律的发展。从原子 - 分子论的观点来看，定组成定律和倍比定律的本质，也很清楚。

按照原子 - 分子论的观点，同一种元素的每个原子，它们的质量和

---

❶ 现在发现的化学元素共有 118 种，而天然存在的只有 94 种。

大小都相等。❶ 例如，所有氢原子的质量和大小都是一样的，所有氧原子的质量和大小也都是一样的，不过，每一个氢原子同每一个氧原子的质量和大小是不一样的。

氢原子和氧原子化合，它们配搭成水分子，变成水。事实证明，氢氧化合所生成的水分子，都是由 1 个氧原子和 2 个氢原子组成的。换句话说，所有的水分子的大小和质量，也都是一样的。一切纯净的物质都是由同一种分子组成的，每一个分子都具有同样的、固定不变的组成。

正因为水分子具有固定的组成，所以当普鲁斯特分析了来自世界各地的水以后，所得的结果都一样：水含氧 88.9%，含氢 11.1%。

定组成定律发展了物质不灭定律，在化学反应中，不光是参加反应的每种原子的数目是一定的，而且反应后所生成的各种化合物，所含的各种原子的种类和数目也是一定的。

至于倍比定律，从原子 - 分子论的观点来看，那就更清楚了。前面提到的贝采利乌斯重做普鲁斯特的实验中，贝采利乌斯对铜的两种氧化物做了精确的分析，得到这样的结果：

红色氧化铜中，铜：氧 =100：12.6（质量比，下同）；

黑色氧化铜中，铜：氧 =100：25.2。

这两种氧化铜中，氧的含量恰好成简单的整数比：12.6：25.2=1：2

其实，从原子 - 分子论的观点来看，红色氧化铜就是氧化亚铜，它的分子是由 2 个铜原子和 1 个氧原子组成的；而黑色的氧化铜就是氧化铜，它的分子是由 1 个铜原子和 1 个氧原子组成的。在氧化亚铜中，1 个铜原子只跟半个氧原子化合；在氧化铜中，1 个铜原子和 1 个氧原子化合。这里 0.5：1=1：2，也是成简单的整数比。

---

❶ 为了简单起见，这里不包括同位素。

实际上，倍比定律中所说的质量成简单整数比，就是由于原子个数成简单的整数比的缘故。

现在，物质不灭定律、定组成定律和倍比定律，已经成了化学上最基本的定律。人们在学化学时，一开始就要学到这些定律。由于它们是化学的基础，必须好好地学。不然，就不能进一步弄懂化学中的其他基本知识。

人们常说："化学方程式是化学家的语言。"这话的确不错。在化学中，人们一提到化学反应，总离不了用最精确、最简要的"语言"——化学方程式来描述它。化学方程式，就是以物质不灭定律、定组成定律和倍比定律为基础的。

在化学课上，老师讲过煤的燃烧反应。用化学方程式来表示，这就是：

$$C + O_2 \xrightarrow{\text{点燃}} CO_2 \quad (C，碳原子；O，氧原子)$$

式子的左边，是 1 个碳原子和 2 个氧原子，式子的右边，也是 1 个碳原子和 2 个氧原子。为什么要使式子两边每种原子的原子数相等呢？这就是根据物质不灭定律得出来的。

至于式子右边用 CO_2 来表示二氧化碳，这就是根据定组成定律得出来的。因为只有承认了定组成定律，承认了每种化合物具有固定的组成，才谈得上用一种分子式来表示这种化合物。

有时，当氧气不足时，老师就会给你写出另一条新的化学方程式：

$$2C + O_2 \xrightarrow{\text{点燃}} 2CO$$

这里，除了和上面一样，应用了物质不灭定律、定组成定律之外，还应用了倍比定律。根据倍比定律，两种元素可以化合成一种以上的化合物，而且跟等量的某种元素化合的同一种元素，在几种化合物中的含量成简单的整数比。这里的一氧化碳和二氧化碳，正是由碳和氧两种元素所组成的两种不同的化合物。在一氧化碳中，是 1 个碳原子和 1 个氧原子化合；在二氧化碳中，是 1 个碳原子和 2 个氧原子化合。这两种化合物中，氧原子的质量比，正好是 1∶2——成简单的整数比。

能量守恒定律

物质不灭定律的发现，是科学史上的一件大事。然而，物质不灭定律只是说明了在燃烧过程中物质不灭，至于在燃烧过程中发出的光和热，这些能量是从哪儿来的，又跑到哪儿去了，它并没有回答。

也就是说，这里涉及燃烧过程中的另一个重要问题——能量是不是守恒的？

这事儿得从物理学家西蒙·斯台文在 1586 年出版的一本力学专著说起。在这本著作中，斯台文用铁的事实，批驳了古希腊著名哲学家亚里士多德的错误观点。

亚里士多德认为，如果两个物体从高处落下，重的物体先落地，轻的物体后落地。千百年来，谁也没有怀疑过亚里士多德的话，以为这是理所当然的。

然而，会计出身的斯台文在他的著作中详细记述了他的实验——

反对亚里士多德的实验是这样的：让我们拿两只铅球，其中一只比另一只重 10 倍，把它们从 30 英尺（1 英尺 ≈ 0.30 米）的高度同时丢下来，落在一块木板或者是什么可以发出清晰响声的东西上面。那么，我们会看出轻铅球并不需要比重铅球 10 倍的时间，而是两种球同时落到木板

上，因此它们发出的声音听上去就像是一个声音一样。●

斯台文以不可辩驳的实验，证明了大名鼎鼎的亚里士多德错了！在科学上，所尊重的只是实践，而不尊崇任何偶像。

不久，著名的意大利物理学家伽利略继续钻研这个问题，又进一步发现：落下来的物体的速度，是随着时间而均匀地增加的。如果把一个从 10 米高处落下的物体抛回 10 米的高度，那么，抛出的速度正好等于物体从 10 米高处快落到地面时的速度。伽利略把物体的质量与速度的乘积（即 mv）称为"动量"。他认为物体的动量是守恒的。

伽利略只是做了初步的探索。

到了 1824 年，法国一位 20 多岁的青年工程师萨迪·卡诺，正十分投入地研究着蒸汽机。卡诺虔诚地信仰热素学说，以为物体之所以热，是因为含有"热素"。卡诺在对蒸汽机的研究中，认为蒸汽机在工作时，热素的量——热量并没有减少，总热量是不变的，只不过从高温的地方"流"到了低温的地方，仿佛水从高处流到低处，推动了水轮机工作，而水的总量并没有减少。正因为这样，恩格斯认为：萨迪·卡诺是第一个认真研究这个问题的人 ●，然而，"阻碍他完全解决这个问题的，并不是事实材料的不足，而只是一个先入为主的错误理论" ●。

到了 1830 年，卡诺在实践中发现热素学说错了，他在笔记中曾这样写道：

● 伽利略并不是这一实验的首创者。
● 引自《自然辩证法》，人民出版社 1971 年版，第 207 页。
● 引自《自然辩证法》，人民出版社 1971 年版，第 93 页。

热不是别的东西……它是一种运动。

动力（能量）是自然界的一个不变量，准确地说，它既不能增加，也不能消灭。

可惜的是，过了两年——卡诺才 36 岁，竟不幸去世。他的这些笔记，直到他死后 40 多年，才被人们所发现！

也就在这时候，一位德国的青年医生罗伯特·迈尔开始钻研这个问题。当时，迈尔在一艘远洋轮船上担任船医。他发现，当船在热带航行时，从病人静脉里抽出来的血液，要比在欧洲时更红一些。这是为什么呢？迈尔想，大约是热带气温高，人体消耗的热量少，于是血液从人体中吸收的养料也比较少，养料在血液中氧化减少，所以静脉中含氧比较多，于是颜色就红一些。迈尔从中得到启发，懂得养料中的化学能，可以转化为热能。他认为，有多少化学能，就能转化为多少热能，转化时能量不会增多，也不会减少。

1841 年，迈尔大胆地写了一篇论文《关于非生物界各种力的意见》，明确地提出能量"无不生有，有不变无"，认为各种形式的能量可以互相转化，但是转化前后的总能量是守恒的。

迈尔把论文寄给了当时在学术界享有盛誉的德国《物理学和化学年鉴》杂志。这家杂志的主编波根道夫对这位"无名小卒"的来稿理也不理，不仅不发表，连原稿都没有退还给他。

迈尔并不灰心，坚信真理在他手中。迈尔又写了几篇论文，更加明确地论述了能量守恒的原理。这些论文寄出去以后，仍如石沉大海，毫无音信。迈尔没办法，到后来，他把自己仅有的一点儿积蓄拿出来，在一家杂志上自费发表了论文。

谁知这篇论文的发表给迈尔招来了灾难。当时那些科学界的权威们满脑子是"热素""燃素"之类神秘的"素",把迈尔的理论视为"邪说异端"。于是,有人造谣说迈尔患了精神病,才写出那样胡说八道的文章,造谣者竟然把迈尔关进了疯人院!

无独有偶,在英国,一位名叫詹姆斯·普雷斯科特·焦耳的青年酿酒商人,利用业余时间,对电流通过电阻时产生的发热现象,进行了认真的研究。1840年,年仅22岁的焦耳发表了论文《论伏打电所产生的热》,提出了他经过多次实验发现的一条定律:当电流通过导体时,导体在一定时间内产生的热量同导体的电阻和电流强度平方的乘积成正比。在这里,焦耳不仅指出了电能会转化为热能,而且以精确的数学公式表明了转化规律。

过了三年,焦耳又发表了论文《论磁电的热量效应和热的机械值》,清楚地指出:哪里消耗了机械力,总能得到相当的热。焦耳以自己精确的实验为依据,说明使1磅水增1°F的热量等于把770磅❶物体提高1英尺的机械功。

焦耳的论文同样被当时的科学界权威们嗤之以鼻,不予理睬。然而,焦耳是个勇往直前的年轻人,他坚持做了大量的实验,以精确的数据,有力地说明各种能量在转化时确实是守恒的。

这些精确的实验,是无法抹杀的!经过整整十年的奋战,焦耳接二连三地发表了一系列论文,这才逐渐引起了各国科学界的重视。

与此同时,许多不同国籍的科学家各自独立地进行着这方面的研究:

丹麦28岁的科学家柯尔丁,通过对摩擦生热现象的研究,写成了关于能量守恒定律的论文,送到哥本哈根科学院。

---

❶ 现在精确的测量结果为778磅。1°F=9/5℃+32。

1847 年，德国年仅 26 岁的军医赫尔曼·赫尔姆霍茨写了论文《论力的守恒》，阐述能量守恒的思想。他的论文寄到《物理学和化学年鉴》杂志，同样被主编波根道夫所压制，没有发表。后来，赫尔姆霍茨自费印刷了这篇论文。

1842 年，英国 31 岁的律师格罗夫，也独立地提出了能量守恒定律……

就这样，在一批年轻的、各种职业的业余科学家们的共同努力之下，终于用"排炮"轰开了那些科学界"权威人士"的顽固脑壳，使他们不得不在事实面前承认了能量守恒定律——自然界的又一重要定律。

恩格斯把能量守恒定律作为 19 世纪的三大发现（能量守恒定律、细胞学说、达尔文进化论）之一，热烈地赞颂它：

第一是由热的机械当量的发现（罗伯特·迈尔、焦耳和柯尔丁）所导致的能量转化的证明。

自然界中所有无数起作用的原因，过去一直被看作一种神秘的、不可解释的存在物，即所谓力——机械力、热、放射（光和辐射热）、电、磁、化学化合力和分解力，现在都已经证明是同一种能（即运动）的特殊形式，即存在方式；而且甚至可以在实验室中和工业中实现这种转化，使某一形式的一定量的能总是相当于另一形式的一定量的能……自然界中整个运动的统一，现在已经不再是哲学的论断，而是自然科学的事实了。❶

---

❶ 引自《自然辩证法》，人民出版社 1971 年版，第 175—176 页。

严峻的考验

正当能量守恒定律被当作 19 世纪的三大发现之一而载入史册不久，却发生了一场轩然大波，差一点儿把能量守恒定律整个推翻掉。

这得从法国物理学家安东尼·亨利·贝克勒尔实验室里发生的一件怪事说起。

1896 年的一天，贝克勒尔把一包包得好好的照相底片，放在抽屉里。后来，他在冲洗底片时拿错了，竟把这包未用过的底片也拿去冲洗。奇怪的是，一冲洗，底片上竟出现了一把钥匙的影子！

贝克勒尔百思不得其解。

贝克勒尔仔细回忆着，这几天什么时候用过钥匙？想起来了：那天，他用钥匙锁好旁边的一个抽屉，就把钥匙顺手扔在桌子中间的抽屉中，这个抽屉中放着一包没用过的底片，钥匙正好落在底片上面。

底片是用黑纸包得好好的，为什么会出现钥匙的影子呢？贝克勒尔顺着蛛丝马迹寻找，查明当时桌子上只有一个装着黄色结晶体的瓶子。

贝克勒尔经过反复研究，这才揭开了谜底：原来，那瓶黄色的结晶体会不断射出一种看不见的射线，这种射线会透过木头、纸，使底片感光。

这种看不见的射线，叫作放射性射线。在那种黄色的结晶体里，含有一种放射性元素，叫作"铀"。黄色的结晶体是硫酸双氧铀钾。

放射性射线不仅会使底片感光，还会灼伤人的皮肤。有一次，贝克勒尔要出去做关于放射性元素的演讲，顺手拿了一小瓶放射性元素放在裤袋里。演讲结束以后，贝克勒尔感到皮肤很疼，一看，原来大腿上的皮肤被放射性射线严重灼伤了。

放射性射线为什么那样厉害呢？显然，它具有一定的能量，所以才会使底片感光，才会灼伤皮肤。

贝克勒尔是巴黎索邦大学的教授，他的发现引起了大学里一位年轻的波兰姑娘玛丽·斯可罗多夫斯卡（即居里夫人）的注意。经过她与她的丈夫皮埃尔·居里的艰苦努力，于1898年，他们在沥青铀矿中发现了两种新元素——钋和镭，这两种元素能够发射出比铀更强的放射性射线。

这些放射性元素不断放出大量的能量。经过测定，人们惊异地发现：1克镭在1小时里，就能放出140卡（1卡≈4.18焦耳）热量！

更使人们惊叹不已的是：尽管时间一小时又一小时，一天又一天，一年又一年地过去，镭照样不断地每小时放出140卡热量。人们经过推算，算出经过1560年以后，镭放出的能量才会减少一半——1克镭每小时放出70卡热量。

据计算，要是让1克镭把所有的热量都释放出来，竟有270亿卡！这么多热量，足以使29吨冰融化成水！

1克镭有多少呢？只有一片大拇指甲那么大！

"哟，镭是永恒的能源！"有人这么说。

"哈，什么能量守恒？镭的发现，彻底推翻了能量守恒定律！"还有人这么说。

于是，能量守恒定律面临着一场严峻的考验。

人们深入地研究放射现象，经过多次的科学实验，才弄明白了镭的本质：原来，镭原子是会分裂的。镭原子的分裂，叫作"裂变"。它裂变以后，变成两个更小的原子——氡原子与氦原子。在720亿个镭原子中，平均每秒钟有一个原子要分裂，向周围以每秒两万千米的速度射出它的"碎片"。镭那不断放出的能量，便是镭原子裂变时释放出来的原子能。

也就是说，镭并不是什么"永恒的能源"。世界上永远不存在什么"永恒的能源"。随着镭原子的不断裂变，镭放出的能量也不断减少，也就是说，经过 1560 年以后，1 克镭每小时放出的能量少了一半——从 140 卡降到 70 卡；再经过 1560 年，又减少了一半——从 70 卡降到 35 卡；然后，又经过 1560 年，则减至 17.5 卡……

镭的原子能的发现，并没有推翻能量守恒定律。相反地，却从新的高度进一步丰富了能量守恒定律：一个镭原子裂变为一个氡原子和一个氦原子时释放出来的能量，恰好等于用一个氡原子和一个氦原子合成一个镭原子时所需要的能量。这一事实再一次有力地说明，能量不可能凭空产生，也不可能无端消亡！

能量守恒定律，经受了严峻的考验，更灿烂地放射出真理的光辉。正如列宁指出的那样：自然科学方面的最新发现，如镭、电子、元素转化等，不管资产阶级哲学家们那些"重新"回到陈旧腐烂唯心主义的学说怎样说，却灿烂地证实了马克思的辩证唯物主义。❶

爱因斯坦的贡献

物质不灭定律，说的是物质的质量不灭；能量守恒定律，说的是物质的能量守恒。

虽然这两条伟大的定律相继被人们发现了，但是人们以为这是两个风马牛不相及的定律，各自说明了不同的自然规律。甚至有人以为，物

---

❶ 引自《列宁选集》第二卷，人民出版社 1972 年版，第 442 页。

质不灭定律是一条化学定律，能量守恒定律是一条物理定律，它们分属于不同的科学范畴。

然而，在 1905 年，一位年仅 26 岁的瑞士籍物理学家接连在德国《物理学》杂志上发表了五篇论文，从一个崭新的高度，揭示了物质不灭定律和能量守恒定律的本质及其相互关系。

这位年轻的科学家，就是阿尔伯特·爱因斯坦。

爱因斯坦是犹太人。他小时候，并没有显露什么天才的特征，他甚至到 3 岁才开始学说话。

刚上学的时候，爱因斯坦很喜欢读《圣经》，真心诚意地相信《圣经》上所讲述的故事都是真实的。然而，他后来读了许多科学著作，就转为相信科学，认为《圣经》上所讲的故事是荒诞的。在大学里，爱因斯坦深深地爱上了物理学。他非常勤奋，常常沉醉于物理实验而忘了吃饭。爱因斯坦的数学造诣也很深，他认为现代物理学不用数学武装自己的头脑，是无法攻克物理学上的难题的。

爱因斯坦喜欢独立思考。对于任何一种理论，他总是经过一番思索，觉得它确有道理之后，这才接受下来。

爱因斯坦大学毕业后，很想在大学里担任教师，从事科学研究工作，可是由于他是犹太人，在当时受到歧视，不能留校工作。他经过别人介绍，才好不容易在一个专利局找到工作，当了个职员。在那里，既没有图书馆，也没有实验室，然而，艰苦的环境更能磨炼一个人的意志。就在那间小小的专利局宿舍里，爱因斯坦经常工作到深夜。

在 1905 年，爱因斯坦创立了著名的"狭义相对论"❶。爱因斯坦认

---

❶ 狭义相对论是现代物理学中的重要理论，是研究物质与运动、空间与时间、绝对与相对、属性与关系等范畴的理论。1916 年，爱因斯坦又进一步创立了"广义相对论"。

为，物质的质量是惯性的量度，能量是运动的量度；能量与质量并不是彼此孤立的，而是互相联系、不可分割的。物体质量的改变，会使能量发生相应的改变；而物体能量的改变，也会使质量发生相应的改变。

在狭义相对论中，爱因斯坦提出了著名的质能关系公式：

$$E=mc^2$$

这里的 E 代表物体的能量，m 代表物体的质量，c 代表光速，即每秒 30 万千米。

按照爱因斯坦的理论，把 1 克温度为 0℃ 的水，加热到 100℃，水吸收了 100 卡的热量，这时水的质量也相应增加了。按照质能关系公式计算，1 克水的质量增加了 4.656×10^{-12} 克。

爱因斯坦的理论，最初受到许多人的反对，就连当时一些著名物理学家也对这位年轻人的论文表示怀疑。然而，随着科学的发展，大量的科学实验证明爱因斯坦的理论是正确的，爱因斯坦才一跃成为世界著名的科学家，成为 20 世纪世界最伟大的科学家之一。

爱因斯坦的质能关系公式，正确地解释了各种原子核反应：就拿氦 4 来说，它的原子是由 2 个质子和 2 个中子组成的。照理，氦 4 原子核的质量就等于 2 个质子和 2 个中子质量之和。实际上，这样的算术并不成立，氦核的质量比 2 个质子、2 个中子质量之和少了 0.0302 原子质量单位[1]！这是为什么呢？因为当 2 个氘核（每个氘核都有 1 个质子、1 个中子）聚合成 1 个氦 4 原子核时，释放出大量的原子能。生成 1 克氦 4 原子时，大约放出 2.7 万亿焦耳的原子能。正因为这样，氦 4 原子核的质量减少了。这个例子生动地说明：在 2 个氘原子核聚合成 1 个氦 4 原

---

[1] 原子质量单位是衡量原子质量的一种单位，以碳原子（即 ^{12}C）质量的十二分之一为一个单位。1 个原子质量单位为 1.66×10^{-24} 克。

子核时，似乎质量并不守恒，也就是氦 4 原子核的质量并不等于 2 个氘核质量之和。然而，用质能关系公式计算，氦 4 原子核失去的质量，恰巧等于因反应时释放出原子能而减少的质量。

这样一来，爱因斯坦就从更新的高度，阐明了物质不灭定律和能量守恒定律的实质，指出了这两条规律之间的密切关系，使人类对大自然的认识又深化了一步。

没有什么大自然的奥秘，是人类所不能认识的。但是，大自然的奥秘又是无穷无尽的。人类永远没有一天能完全认识大自然，没有一天可以完全破解它的奥秘。只有永不知足，才能不断前进。

物质不灭定律和能量守恒定律，是自然界的伟大定律。它来自客观实际，又在客观实际中久经考验。多少年来，这两条定律经受了千万次考验，像经得起风吹雨打的宝石一样，闪耀着夺目的光芒。

物质不灭定律和能量守恒定律，已经成为现代自然科学的基石，同样，它也从根本上给宗教的唯心主义观点以致命的打击，因为物质是不能凭空创造的，也不会凭空消灭，所以谁也不再相信什么上帝创造万物、上帝创造世界的反科学谬论了。另外，它还雄辩地说明，世界上永远不会有"永动机"。想不花费劳动就从大自然中获取能源，是不可能的。

定律是客观存在着的。人虽然不能去"创造"定律、"改造"定律，但是，人可以去发现定律、掌握定律、利用定律。现在，物质不灭定律和能量守恒定律已经被千百万人所掌握。

人们正在利用物质不灭定律和能量守恒定律，去征服自然，改造自然，揭开大自然的秘密！

给原子做加法

 ## 原子核的加法

在即将结束《极简趣味化学史》这本书的时候，话题仍回到本书开头所讲的第一个有趣的故事：在美国那座守卫森严，一定要有"国防部证明"才能通行的大楼里，所进行的研究正是 20 世纪重大的化学研究课题——原子弹。

早在 2400 多年前，古希腊著名哲学家德谟克利特提出"原子"这一概念时，"原子"的希腊文原意便是"不可再分割"。

放射性元素的发现，说明原子并非"不可分割"。

苏联科普作家伊林，曾用非常通俗的比喻，说明了原子核裂变的原理："就好像你把 3 枚 5 分的铜币锁在抽屉里。过了几天，你发现抽屉里的 5 分铜币不是 3 枚，而只有 2 枚了。那第三枚 5 分铜币自己兑成了 3 分的和 2 分的铜币了。"也就是说，原子核分裂，就好像 5 分铜币兑成一枚 3 分、一枚 2 分的铜币。

随着对放射现象的深入研究，人们逐渐认清了化学元素的真面目。

在 1911—1913 年，科学家们开始弄清楚，原子是由原子核和电子组成的，电子围绕着原子核分布。

原子核又是由什么组成的呢？放射现象说明，铀、镭等放射性元素的原子核会不断分裂。

这就是说，原子核是可分的，是由更小的微粒组成的。

1932 年，人们终于揭开了原子核的秘密：原子核是由质子和中子组成的。质子、中子都比电子大得多，质子的质量是电子质量的 1 836 倍，中子的质量是电子质量的 1 839 倍。质子是带正电的微粒。中子不带电，是中性的微粒。

自从揭开了原子核的秘密之后，人们开始认识元素的本质：氢是第 1 号元素，它的原子核只含有 1 个质子；氦是第 2 号元素，它的原子核中含有 2 个质子；碳是第 6 号元素，它的原子核中含有 6 个质子……铀是第 92 号元素，它的原子核中含有 92 个质子。也就是说，元素原子核中的质子数，就等于它在元素周期表上"房间"的号数——原子序数。

这样一来，错综复杂的种种化学元素之间的关系，变得非常简单：化学元素的不同，就在于它们原子核中质子多少的不同！原子核中质子数相同的一类原子，就属于同一种化学元素。

看来，在原子核中举足轻重的是质子，它的多少决定了原子的命运。那么，中子起什么作用呢？

人们经过仔细研究，发现同一元素的原子核中，虽然质子数相同，但中子数有时不一样。比如，普通的氢原子核，只含有 1 个质子；有一种氢原子的原子核，除了含有 1 个质子，还含有 1 个中子，叫作"氘"或"重氢"；还有一种氢原子的原子核，含有 1 个质子和 2 个中子，叫作"氚"或"超重氢"。氢、氘、氚都属于氢元素，但它们由于原子核中的中子数不同，脾气也不一样，被叫作"同位素"。

本来，人们对放射性元素镭会变成铅和氦，感到莫名其妙，不可思议。这下，可以正确地得到解释：镭是 88 号元素，它的原子中含有 88

个质子。它的原子核分裂后，变成 4 块碎片。在那块大的碎片中，含有 82 个质子，也就是 82 号元素——正好是铅；在那 3 块小的碎片中，含有多少个质子呢？用 88 减去 82，剩 6 个质子，而 3 块碎片是一样大小的，也就是各含有 2 个质子——2 号元素，正好是氦！

这样一来，放射现象——原子核分裂，无非是一种特殊的"减法"罢了。

这种现象给了人们一个重要的启示：能不能进行特殊的"加法"呢？比如说，那个 43 号元素，一直找不到，而 42 号元素——钼是人们熟知的。能不能运用"加法"，往钼的原子核中"加"上一个质子，岂不就可以人工制造出 43 号元素了吗？

这种原子核的"加法"，又燃起了人们寻找"失踪"元素的热情。于是，人们又继续追根求源，千方百计去捉拿"失踪"元素。

第一个人造元素

用算盘做加法，那很方便，只要把算盘珠朝上一拨，就加上 1 了。

但是，要往 1 个原子核里加 1 个质子或别的什么东西，可就不是那么容易了。

1934 年，法国科学家让 - 弗雷德里克·约里奥 - 居里和他的妻子伊伦·约里奥 - 居里（即镭的发现者居里夫人的女儿）找到进行原子"加法"的办法。

当时，他们在巴黎的镭学研究院工作。他们发现，有一种放射性元素——84 号元素钋的原子核，在分裂的时候会以极高的速度射出它的

"碎片"——氦原子核。在氦原子核中，含有 2 个质子。

于是，他们就用氦作为"炮弹"，去向金属铝板"开火"。嘿，出现了奇迹，铝竟然成了磷！

铝，银闪闪的，是一种金属；磷，却是非金属。铝怎么会变成磷呢？

用"加法"一算，事情就很明白：

铝是 13 号元素，它的原子核含有 13 个质子。当氦原子核以极高的速度向它冲来时，它就吸收了氦原子核。氦原子核中含有 2 个质子。

$$13+2=15$$

于是，形成了一个含有 15 个质子的新原子核。你去查查元素周期表，那 15 号元素是什么？

15 号元素是磷！

就这样，铝像变魔术似的，变成了另一种元素——磷！

不久，美国物理学家劳伦斯发明了"原子大炮"——回旋加速器。在这种加速器中，可以把某些原子核加速，像"炮弹"似的以极高的速度向别的原子核进行轰击。这样一来，就为人工制造新元素创造了更加有利的条件，劳伦斯因此而获得了诺贝尔物理学奖。

1937 年，劳伦斯在回旋加速器中，用含有 1 个质子的氕原子核去"轰击" 42 号元素——钼，结果制得了 43 号新元素。

鉴于前几年人们接连宣称发现了"失踪元素"，而后来又被一一推翻，所以这一次劳伦斯特别慎重。他把自己制得的新元素，送给了著名的意大利化学家西格雷，请他鉴定。西格雷又找了另一位意大利化学家佩里埃仔仔细细进行分析。最后，由他们向世界郑重宣布，43 号元素，终于被劳伦斯制成了。这两位化学家把这种新元素命名为"锝"，希腊文原意是"人工制造的"。

锝，成了第一个人造的元素！

当时，他们制得的锝非常少，总共才一百亿分之一克。

后来，人们进一步发现：锝并没有真正从地球上失踪。其实，在大自然中，也蕴藏着极微量的锝。

另外，人们还对从别的星球上射来的光线进行光谱分析，发现在其他星球上也存在锝。

这位"隐士"的真面目，终于被人们弄清楚了：锝是一种银闪闪的金属，具有放射性。它十分耐热，熔点高达 2 157℃。有趣的是，锝在－265℃时，电阻就会全部消失，变成一种没有电阻的金属。

填补了空白

自从锝被发现以后，元素周期表上只剩下三处空白了。

人们继续寻找那失踪了的 61 号、85 号、87 号元素。

1939 年，法国女化学家佩雷在用功地研究 89 号元素——锕。锕是一种具有放射性的金属。佩雷想要提纯锕，结果在剩下的残渣中发现另一种具有放射性的物质。她仔细检查，发现这是一种新元素：它是 89 号元素锕的原子核在分裂时，失去了 1 个氦原子核，也就是失去了 2 个质子，变成的 1 个只含有 87 个质子的原子核——87 号元素。

这个 87 号元素，正是人们苦苦追索的一个"失踪元素"！

佩雷用她祖国的名字——"法兰西"来命名这一新元素。译成中文，那就是"钫"。钫是一种寿命很短的放射性元素。如果有 100 个钫的原子放在那里，经过 21 分钟之后，就只剩下 50 个了——那 50 个钫原子已经分裂，变成了别的元素。正因为这样，人们花了九牛二虎之力，才找到了这位"短命"的"隐士"。

1940年，那位曾给锝进行鉴定的意大利化学家西格雷迁居到美国，与美国科学家科里森、麦肯齐共同合作，着手人工制造85号元素的工作。

起初，他们想用84号元素——钋作为"原料"，往它的原子核中加入1个质子，制成85号元素。可是，钋在大自然中很少，价格比较贵。他们就改用83号元素——铋作为"原料"。铋比钋便宜易得。

他们在美国加利福尼亚大学用"原子大炮"——回旋加速器加速了氦原子核，轰击金属铋，制得了85号元素。

这又是原子核的"加法"——铋原子核中含有83个质子，氦原子核中含有2个质子：

$$83+2=85$$

正当他们的研究工作获得了初步成绩时，由于第二次世界大战发生，他们的工作不得不中断了。在战后，他们又重新开始研究，终于在1947年发表了关于发现85号元素的论文。西格雷把这一新元素命名为"砹"，希腊文的原意是"不稳定的"。

砹是一种非金属元素，它的性质跟碘很相似。砹确实很不稳定。当西格雷制成了砹以后，只过了8个多小时，便有一半砹的原子核已经分裂，变成别的元素了。

后来，人们在铀裂变后的产物中，也找到了极微量的砹。这说明在大自然中，存在着天然的砹。

正因为砹在大自然中又稀少又不稳定，所以找到它很不容易。

剩下的最后一个"失踪元素"，是61号。

起初，有人想用60号元素钕或者59号元素镨作为"原料"，来人工地制造 61 号元素。虽然他们在 1940 年就宣称制成了 61 号元素，但是没有把它单独地分离出来，没有得到世界的公认。

直到 1945 年，美国橡树岭国家实验室的科学家马林斯基、格伦德宁和科里宁从原子能反应堆中，铀的裂变产物中，分离出 61 号元素。他们认为，61 号元素的发现和原子能的应用是分不开的，就用古希腊神话中从天上盗取火种的英雄普罗米修斯的名字来命名它——当初，普罗米修斯盗来了天火，使人类进入取火、用火的时代；如今，61 号元素的发现，象征人类进入了原子时代。

直到 1949 年，国际纯粹和应用化学联合会才正式承认了马林斯基等人的发现，并同意了他们的命名。"普罗米修斯"译成中文元素名称，便成了"钷"。

钷是一种具有放射性的金属。钷的化合物常常会射出浅蓝色的荧光，被用来制造荧光粉。用钷还可以制成只有纽扣那么小的原子电池，能连续工作达五年之久，是人造卫星上非常需要的体积小、重量轻、寿命长的电源。

自从人类发现钷之后，"失踪元素"全部找到了，元素周期表上的空白全部被填满了。

 # 铀不是最后的元素

发现钷以后，人类认识化学元素的道路，是不是到达终点了呢？

起初，有人兴高采烈，觉得这下子大功告成，再也不必去动脑筋发现新元素了！

可是，更多的科学家觉得不满足。他们想，虽然从第 1 号元素氢到第 92 号元素铀，已经全部被发现了，可是，难道铀会是最末的一个元素？谁能担保，在铀以后，不会有 93 号、94 号、95 号、96 号……

这么看来，周期表上的空白，并没有真的全被填满——因为在 92 号元素铀以后，还有许许多多"房间"空着呢！

早在 1934 年，意大利物理学家费米就认为周期表的终点不在于 92 号元素铀，在铀之后还存在"超铀元素"。

费米试着用质子去攻击铀原子核，宣布自己制得了 93 号元素。费米把这一新元素命名为"铀 X"。

可是，过了几年，费米的试验被人们否定了。人们仔细研究了费米的试验，认为他并没有制得 93 号元素。因为当费米用质子攻击铀原子核时，把铀核撞裂了，裂成两块差不多大小的碎片，并不像费米所说的变成一个含有 93 个质子的原子核。

直到 1940 年，美国加利福尼亚大学的麦克米伦教授和物理化学家艾贝尔森在铀裂变后的产物中，发现了 93 号新元素！

他俩把这种新元素命名为"镎"。镎的希腊文原意是"海王星"，这名字是跟铀紧密相连的，因为铀的希腊文原意是"天王星"。

镎是银灰色的金属，具有放射性。它的寿命很长，可以长达 220 万年，并不像砹、钫那样"短命"。在铀裂变后的产物中，含有微量的镎。在空气中，镎很易被氧化，表面蒙上一层灰暗的氧化膜。

镎的发现，有力地说明了铀并不是化学元素周期表上的终点，说明化学元素大家庭的成员不止 92 个。

镎的发现，还有力地说明镎本身也并不是化学元素周期表上的终点，在镎之后还有许多化学元素。

镎的发现，鼓舞着化学家们在认识化学元素的道路上继续前进！

青云直上的"冥王星"

就在发现 93 号元素镎的时候，麦克米伦便认为，可能还有一种新的超铀元素跟镎混在一起。

不出所料，没隔多久，美国化学家西博格、沃尔和肯尼迪又在铀矿石中，发现了 94 号元素。他们把这一新元素命名为"钚"，希腊文的原意为"冥王星"。这是因为镎的希腊文原意是"海王星"，而冥王星是在海王星的外面，是当时人们认为的太阳系中离太阳最远的一颗行星。

最初，西博格等人只制得极微量的钚，总重量还不到一根头发重量的千分之一。这样稀少的元素，在当时并没有引起人们的注意，人们只把它看作一种新元素罢了，谁也没有去研究它可以派什么用场。

后来，当人们发明了原子弹之后，钚却一下子青云直上，成了原子舞台上的"明星"！这是怎么回事呢？

原来，原子弹中的主角是铀。在大自然中，铀有两种不同的同位素，一种叫"铀235"，一种叫"铀238"。在铀235 的原子核中，含有 92 个质子、143 个中子，加起来是 235 个，所以叫"铀235"；在铀238 的原子核中，含有 92 个质子、146 个中子，加起来是 238 个，所以叫"铀238"。铀238 跟铀235 的不同之处，在于它的原子核中多了 3 个中子。

铀235 与铀238 的"脾气"大不一样：铀235 是个急性子，铀238 却是个慢性子。铀235 受到中子攻击时，会迅速发生链式反应，在一刹那间释放出大量原子能，形成剧烈的爆炸。在原子弹中，就装着铀235。可是，铀238受到中子攻击时，却不动声色地把中子"吞"了进去，并不会发生爆炸。

在天然铀矿中，绝大多数是铀238，铀235仅占千分之七（质量比）。人们千方百计地从铀矿中提取那少量的铀235，用它制造原子弹，而大量的铀238却被废弃了。

铀238难道真的是废物吗？

人们经过仔细的研究，结果发现铀238可以作为制造钚的原料，而钚的脾气跟铀235差不多，也是个急性子，可以用来制造原子弹！

本来，在天然铀矿中，只含有一百万亿分之一的钚。如今，人们用铀238作为原料，大量制造钚。于是，钚的产量迅速增加，从只有一根头发的千分之一那么重猛增到数以吨计。不久，人们不仅制造了以钚为原料的原子弹，而且用它制成了原子能反应堆，用来发电。这样一来，钚一下子成了原子能工业中的重要原料。

钚是一种银灰色的金属，很重。它在空气中也很易氧化，在表面形成黄色的氧化膜。

钚的寿命也很长，钚239的半衰期达24110年。

钚的发现和广泛应用，一下子就使人们对化学元素的认识进入一个新阶段：原来，世界上还有许多很重要的、未被发现的新元素呢！

继续进击

人们继续进击，寻找 94 号以后的"超钚元素"。

在 1944 年底，钚的发现者——美国化学家西博格和加利福尼亚大学教授乔索合作，用质子轰击钚原子核，先是制得了 96 号元素，紧接着又制得了 95 号元素。

他们把 95 号元素和 96 号元素分别命名为"镅"和"锔"（过去曾译为"锯"，因与锯子的"锯"字相同，容易误会，改译为"锔"），用来纪念发现地点美洲（"镅"的原意即"美洲"。因为镅在元素周期表上的位置正好在 63 号元素铕之下，铕的希腊文原意为"欧洲"，所以就用"美洲"命名镅）和居里夫妇（"锔"的原意即"居里"）。

镅和锔都是银白色的金属。镅很柔软，可以拉成细丝，也可以压成薄片。镅有 10 种同位素，绝大部分都是"短命"的，很快就会裂变成其他元素，只有一种"镅 243"的寿命很长，达 7000 多年。

锔是一种很有意思的放射性金属，它辐射出来的能量很大，可以使锔变得很热，温度高达 1000℃左右。如今，人们已把锔用在人造地球卫星和宇宙飞船中，用来作为不断发热的热源。

西博格和乔索继续努力，在 1949 年制得了 97 号元素——锫，1950 年制得了 98 号元素——锎。锫的原意是"伯克利"，因为它是在伯克利城的回旋加速器帮助下制成的；锎的原意是"加利福尼亚"，因为它是在加利福尼亚的回旋加速器帮助下制成的。

锫和锎都是金属元素，都具有放射性。锫在目前还没有得到应用，锎可用作原子能反应堆中的原子燃料。另外，由于锎能射出中子，现在已被用来治疗癌症。

接着，人们又开始寻找 99 号元素和 100 号元素。

有趣的是，在人们用回旋加速器制造出这两种新元素之前，却在另一个场合里，无意中发现了它们。

那是在 1952 年 11 月，美国在太平洋一座岛上爆炸了第一颗氢弹。当时，美国科学家在观测这次爆炸产生的原子"碎片"中，发现竟夹杂着两种新元素——99 号元素和 100 号元素。

1955 年，美国加利福尼亚大学在实验室中制得了这两种新元素。为了纪念在制成这两种新元素前几个月逝世的著名物理学家爱因斯坦和意大利科学家费米，分别把 99 号元素命名为"锿"（原意即"爱因斯坦"），把 100 号元素命名为"镄"（原意即"费米"）。1955 年，就在制得锿以后，美国加利福尼亚大学的科学家们用氦核去轰击锿，使锿原子核中增加 2 个质子，变成了 101 号元素。他们把 101 号元素命名为"钔"，纪念化学元素周期律创始人、俄国化学家门捷列夫。

有趣的是，最初制得的钔竟如此之少——只有 17 个原子！然而，正是这 17 个原子，宣告了一种新元素的诞生。

紧接着，在 1958 年，加利福尼亚大学与瑞典的诺贝尔研究所合作，用碳离子轰击锔，使锔这个只有 96 个质子的原子核一下子增加了 6 个质子，制得了极少量的 102 号元素。他们用"诺贝尔研究所"的名字来命名它，叫作"锘"。但是，他们的研究成果，一开始并没有得到人们的承认。直到几年以后，别人用另一种办法也制成了 102 号元素时，这才获得国际上的正式承认。

人们追索不息。1961 年，美国加利福尼亚大学的科学家们着手制造 103 号元素。他们用原子核含有 5 个质子的硼，去轰击原子核中含有 98

个质子的锎，进行原子核"加法"：

$$5+98=103$$

就这样，制得了 103 号元素。这个新元素被命名为"铹"，用来纪念当时刚去世的美国物理学家、回旋加速器的发明者劳伦斯。

铹是一种不稳定的元素。每经过三分钟，铹的原子中便有半数分解掉了。

在 1964、1967 年，苏联科学家弗列罗夫所领导的研究小组，分别制得了 104 号和 105 号元素。

与此同时，美国人乔索领导的小组用另一种方法也制得了 104 号和 105 号元素。

104 号和 105 号元素都是"短命"的元素，只能"活"几秒钟，很快就裂变成别的元素。1974 年，苏联科学家弗列罗夫等人又用 24 号元素——铬的原子核去轰击 82 号元素——铅的原子核，进行原子核"加法"：

$$24+82=106$$

于是，制得了 106 号元素。

有趣的是，在此同时，美国人乔索及西博格等人用另外的"算式"进行原子核"加法"：拿 8 号元素——氧的原子核去轰击 98 号元素——锎的原子核。

$$8+98=106$$

于是，也制得了 106 号元素。

与 104 号和 105 号元素一样，这一次又引起了争论。双方都说自己最早发现了新元素，相互争论不休。

1976 年，苏联人弗列罗夫等人着手试制 107 号元素。他们用 24 号元素——铬的原子核，轰击 83 号元素——铋的原子核。

$$24+83=107$$

就这样，107 号元素被制成了。

107 号元素是一种寿命非常短暂的元素，它竟然只能"活"1 毫秒！

 # 制成 109 号元素

1982 年 8 月 29 日，一位留着络腮胡子、头发朝左梳的高个子，走上英国剑桥的科学讲坛。此人是联邦德国著名核物理学家，名叫 P. 安布拉斯特。他发布了震动世界科学界的新闻：联邦德国达姆斯塔特重离子研究所在 1982 年 8 月 29 日下午 4 时 10 分，发现了 109 号元素！

安布拉斯特说，他们是用人工合成的方法制得 109 号元素的——制得 109 号元素的一个原子，而这个原子仅存在千分之五秒的时间！

获得新元素的发现权，是科学上的莫大荣誉。一旦听说谁发现了新元素，科学家们总是"横挑鼻子竖挑眼"，要进行一番辩论、验证，才予以最后承认。这一次，联邦德国科学家们只制得新元素的一个原子，这原子又是"短命"的，能得到世界科学界的承认吗？

出人意料，由于那位"大胡子"在学术报告中所叙述的实验步骤无懈可击，所提供的数据、电子计算机的分析结果无可辩驳，因此，这个元素得到了国际科学界的承认。发现 109 号元素的桂冠，被联邦德国的科学家们夺走了！

他们是怎样制得那新元素唯一而又"短命"的原子的呢？

原来，他们以铋原子为靶，用加速了的铁原子的原子核进行轰击。铋是 83 号元素，铁是 26 号元素，它们"相加"，便成了 109 号元素：

$$83+26=109$$

不过，进行这一原子核"加法"，并不容易。联邦德国科学家们曾用铁原子核进行了几十亿次轰击，要么没有击中"靶"，要么劲儿太大，把铋原子轰成一堆碎片。

1982 年 8 月 29 日，机会终于来了，有一个铁原子核，不偏不倚击中一个铋原子核，聚合在一起，形成了 109 号元素。这个新原子在千分之五秒之后，分裂了，射出一个氦核，蜕变成 107 号元素的原子。紧接着，这个原子又射出一个氦核，蜕变成 105 号元素的原子。新原子放射 1 个正电子，原子核中的 1 个质子转变为中子，于是再蜕变成 104 号元素的原子。这 104 号元素原子又大分裂，碎成两半……

但是，所制得的 109 号元素，只有一个原子。要发现、确定这个新元素的原子，是很不容易的。如同联邦德国重离子研究所所长普特里兹所说："比如有一趟货车，一节节车皮拉的都是沙子，它的速度是 1 小时 32 千米。在一节车皮里，埋藏着一粒稍微不同寻常的沙子。我们探测器要完成的任务，就相当于在飞驰而过的这趟列车上找出那粒沙子。"

联邦德国的科学家用十分精密的方法，准确地测到了那唯一的 109 号元素的原子：他们设置了"重离子反应分选器"，犹如设置了哨卡。站在那儿执勤的"哨兵"是电场和磁场。只有按照一定速度运行的 109 号元素的原子，才得以"放行"，而其他元素的原子，休想通过这一"哨卡"。

通过"哨卡"的原子，撞击在一块硅片上。这时，硅片把这个原子的撞击位置以及能量记录下来。经过电子计算机计算，可以算出这个原子的质量，从而明确地查出这个原子的"身份"。

另外，联邦德国科学家还通过"探测器"，精确地测得了这个原子蜕变为 107 号元素—105 号元素—104 号元素……的整个蜕变过程。

所有这一切严格的测定和严密的实验，都清楚地表明：联邦德国的科学家确实制得了 109 号元素——虽然只制得了一个原子！

109 号元素的制得，说明人类对化学的研究达到了一个崭新的水平。

1977 年 8 月，国际纯粹和应用化学联合会（IUPAC）无机化学组会议决定，从 104 号元素起，不再用人名或者国名来命名了，而是称为"×××号元素"。元素的拉丁文名称，也做了统一的命名规定。根据这一规定，109 号元素的拉丁文名称为"Unnilennium"，化学元素符号为"Une"。

 # 109 号元素以后

在 109 号元素被发现以后，请注意，人类已发现的化学元素，并不是 109 种，而是 108 种！

为什么呢？

因为科学家们"越过"了 108 号元素，先合成了 109 号元素。

不过，据科学家们估计，在 109 号元素发现以后，离发现 108 号元素的日子，已经不会太远了。

果真如此。时间过去还不到两年，化学元素周期表上那第 108 号空房间，就迁入新居民了。

首先合成 108 号元素的，是由德国、苏联和中国等七个国家的 24 位核化学家组成的一个国际合作研究组。他们在 1984 年 3 月宣布了自己的新成果。

国际合作研究组是在德国黑森州达姆斯塔特加速器中合成 108 号元素的。他们用铁 58 去轰击铅 208，制得 108 号元素。108 号元素寿命很短，半衰期为 2 毫秒。

108 号元素的英文名为 Hassium，以纪念达姆斯塔特加速器所在的黑森州。108 号元素符号为 Hs，中文名字为"镙"。

就在国际合作研究组在德国宣布自己的新发现之后两个月——1984 年 5 月，苏联科学家们在能够产生强大重离子束的 Y-400 回旋加速器中，用类似的方法，也制得了 108 号元素。虽然苏联科学家们晚了一步，但他们毕竟又一次证明，用人工方法能够合成 108 号元素。

然而，世界上到底有多少种化学元素？人们会不会无休止地把化学元素逐个制造出来？

这些问题引起了激烈的争论。

有人认为，从 100 号元素镄以后，人们虽然合成了许多新元素，但是这些新元素的寿命越来越短。像 107 号元素，只能活 1 毫秒。照此推理下去，108 号、109 号、110 号……这些元素的寿命更短，因此人工合成新元素的希望将会越来越渺茫。他们预言，即使今后人们还可能再制成几种新元素，但是已经为数不多了。

可是，很多科学家认真研究了元素周期表，推算出在 108 号元素以后，可能会出现几种"命长"的新元素！

这些科学家经过推算，认为当元素的原子核中质子数为 2、8、20、28、50、82，或者中子数为 2、8、20、28、50、82、126 时，原子核就比较稳定，寿命比较长。根据这一理论，他们预言 114 号元素，将是一种很稳定的元素，寿命可达一亿年！也就是说，人们如果发现了 114 号元素，这种元素将像金、银、铜、铁一样"长寿"，可以在工农业生产中得到广泛应用。

科学家们甚至根据元素周期表，预言了 114 号元素的一些特征：

它的性质类似于金属铅，目前可称它为"类铅"。

它是一种金属，密度为每立方厘米 16 克。

沸点为 147℃。

熔点为 67℃。

它可以用来制造核武器。这种核武器体积很小，一颗用 114 号元素制成的小型核弹，甚至可放在手提包中随身携带！

另外，科学家们还推算出，110 号和 164 号元素也将是一种"长命"的元素，可以"活"一千万年以上。

不过，当 110 号元素终于被制成时，却表明这种新元素并非"可以'活'一千万年以上"，而是依然"短命"。

那是在 1994 年，德国达姆斯塔特重离子研究所宣布，由德国物理学家安布拉斯特领导的一个小组，利用镍原子轰击作为靶的铅原子，从产物中检测到新元素 110 号的存在。这个小组成员包括俄罗斯、斯洛伐克和芬兰的科学家。新元素 110 号的寿命极短，半衰期少于 1 毫秒。

德国达姆斯塔特重离子研究所提议，以实验室的所在地"Darmstadtium"（达姆斯塔特）命名 110 号元素。9 年之后，即 2003 年 8 月，国际纯粹和应用化学联合会同意把 110 号元素命名为 Darmstadtium，元素符号为 Ds。中文名为"𫟼"。

也是在 1994 年，德国科学家西古德·霍夫曼与同事用镍和铋进行对撞实验，观测到了三个衰变系，其中有第 111 号元素存在。此后，科学家又重复实验，证实了第 111 号元素的存在。第 111 号元素放射性强，半衰期为千分之一点五秒。

德国科学家提议，把第 111 号元素命名为 Roentgenium，以纪念发现 X 射线的德国物理学家伦琴。

十年之后，即 2004 年，国际纯粹和应用化学联合会同意把 111 号元素命名为 Roentgenium，元素符号为 Rg。

2006 年 1 月 20 日，中国科学技术名词审定委员会、国家语言文字工作委员会组织召开了第 111 号元素中文定名研讨会，决定第 111 号元素的中文名为"轮"。

1999 年，美国加利福尼亚的劳伦斯·利弗莫尔国家实验室宣称他们已经合成了第 118 号元素。但是，2002 年，他们又宣布，撤回发现118 号元素的公告，因为他们发现，有人伪造数据。为此，这个实验室开除了那个造假的科学家。

2006 年 10 月 17 日，美国加利福尼亚的劳伦斯·利弗莫尔国家实验室和俄罗斯的联合原子核研究所共同郑重宣布，他们制成了第 118 号元素。第 118 号元素是在俄罗斯制成的，使用了美国提供的少量锎。他们是用人造元素锎去撞击钙，制造出第 118 号元素。

第 118 号元素"住"在化学元素周期表中氡元素之下的"房间"。这种新元素仅仅存在了 0.9 毫秒，但这却是人类首次制成的人造惰性气体元素。

2017 年，中国科学院、国家语言文字工作委员会已经正式给出了113 号、115 号、117 号、118 号元素的中文名字：

113 号元素 Nh，中文名 铱
115 号元素 Mc，中文名 镆
117 号元素 Ts，中文名 䃝
118 号元素 Og，中文名 氮

第 118 号元素裂变时，先是衰退为 116 号元素。在 1 毫秒之后，116 号元素立即衰退成第 114 号元素，然后又衰退成第 112 号元素，最后分裂成两半。

因此，在制成 118 号元素的同时，又发现了第 112 号元素、第 114 号元素和第 116 号元素。

第 112 号元素只能存在 0.000 02 秒。

与此同时，俄罗斯的杜伯纳实验室宣布，他们通过"热融合"，合成了第 114 号、第 115 号和第 116 号元素。其中第 115 号元素衰变时，生成了第 113 号元素。

第 113 号元素的寿命为 1.2 秒。

这样，111 号、112 号、113 号、114 号、115 号、116 号、118 号元素相继被发现。在这段时间里，其他国家的科学家也曾经用不同的方法制成这些人造元素。

然而，117 号元素一直空缺。不过，有人预言，一旦制成 119 号元素，当 119 号元素衰变时，会产生 117 号元素。

于是，119 号元素成为当今化学界众所关注的元素。2007 年 9 月 26 日，忽然从俄罗斯叶卡捷琳堡市的全俄发明家和创新者协会传出消息，一位来自斯维尔德罗夫州的工程师，声称自己发现了元素周期表上的第 119 号元素，并希望获得此项专利。据报道："这名工程师不愿意透露自己的姓名，也没有向外界透露这一元素的合成方法，他向研究院的专家们解释道：从质量上看，第 119 号元素是氢元素的 299 倍，也就是说，其原子量为 299；它是元素周期表上尚未记录的新元素，并最终完成元素周期表。"

不过，这一消息虽然很快被许多媒体所报道，但是此后没有下文。因为制造第 119 号元素，倘若没有庞大的实验室和先进的设备，谈何容易！

倒是美国的劳伦斯伯克莱国家实验室正在为此而努力。这个实验室和德国重离子研究中心以及俄罗斯的研究人员，正在筹划用氪离子来轰击铋靶子，以获得 119 号元素。他们预计，由于 119 号元素会衰变成 117 号、115 号和 113 号元素，所以有可能连带着发现 117 号新元素！

1976 年 6 月，从美国曾传出一个震动科学界的新消息：美国橡树岭国家实验室达兹博士、佛罗里达州大学威廉·纳尔逊和加利福尼亚大学汤姆·卡希尔共同合作，在一种来自马达加斯加的独居石矿物中，用 X 射线谱发现了四种稳定的新元素——116 号、124 号、126 号和 127 号！他们在加拿大以及英国牛津的科学报告会上，详细地介绍了他们在独居石中发现极微量的这四种新元素的经过。但是，国际纯粹和应用化学联合会没有承认这一研究成果。

在寻找和制造化学元素的道路上，人类已经付出了巨大的努力，获得了灿烂的成果。但是，时代在前进，人类对化学元素的认识，是永无止境的。

化学元素的秘密，期待着本书的每一位读者去探索，去发现。在不久的将来，化学的历史将要揭开新的篇章。